普通高等院校建筑电气与智能化专业规划教材

U0166034

建筑电气 CAD

郑 坚 编著

中国建材工业出版社

图书在版编目(CIP)数据

建筑电气 CAD/郑坚编著 . —北京：中国建材工业
出版社，2013.1（2023.8 重印）
普通高等院校建筑电气与智能化专业规划教材
ISBN 978-7-5160-0326-8

Ⅰ.①建… Ⅱ.①郑… Ⅲ.①建筑工程—电气设备—
计算机辅助设计—AutoCAD 软件—高等学校—教材 Ⅳ.
①TU85-39

中国版本图书馆 CIP 数据核字（2012）第 258551 号

内 容 简 介

建筑电气 CAD 是建筑电气类专业必不可少的制图课程。本书共分 11 章，包括：
绘图软件简介，标准与规范，基本操作，建筑图样的绘制及标注，电气设备平面图绘制
工具，电气平面图，系统图基础知识，照度计算，负荷计算，电压、电流计算，年雷击
数等。

本书将建筑电气 CAD 的课程与专业的电气设计绘图软件相结合，从多个方面讲
述建筑电气计算机辅助设计的基本概念、基本方法和基本技能，通过发挥计算机绘图
软件的优势来完成高质量的工程设计。

本书可作为高等院校建筑电气与智能化、电气工程及自动化、楼宇自动化及建筑
设备类专业的教材，也可用于建筑行业相关技术与管理人员的培训教材。

本教材有配套课件，读者可登录我社网站免费下载。

建筑电气 CAD

郑 坚 编著

出版发行：中国建材工业出版社
地 址：北京市海淀区三里河路 11 号
邮 编：100831
经 销：全国各地新华书店
印 刷：北京雁林吉兆印刷有限公司
开 本：787mm×1092mm 1/16
印 张：14.5
字 数：348 千字
版 次：2013 年 1 月第 1 版
印 次：2023 年 8 月第 5 次
定 价：**45.00 元**

本社网址：www.jccbs.com.cn
本书如出现印装质量问题，由我社发行部负责调换。联系电话：（010）57811387

前　言

建筑电气工程在国民经济发展中正发挥着越来越重要的作用。建筑电气工程技术为建筑及其设施正常使用、创造建筑安全和舒适的室内环境等提供重要技术支持。因此,在建设工程中,建筑电气专业的电气工程师和相关工程技术人员,需熟练掌握使用 CAD 技术进行建筑电气设计和制图,才能更好地应对工程实践中的各种情况,处理施工现场的图纸变更、工程验收、质量监督等工作;才能更好地为施工现场工作提供全面指导,加强设计与施工的沟通,确保设计及施工的质量和工程建设顺利进行。所以,不论是现在还是将来都将需要更多的掌握 CAD 技术的各种技术人才。

现代建筑电气技术发展迅速,学科交叉及综合性越来越强,工程制图与识读愈加复杂,对工程技术人员的制图与识读能力的要求越来越高。本书从工程设计与施工的实际出发,结合当前比较流行的电气设计绘图软件(天正电气)和工程范例,重点从三个方面讲述建筑电气计算机辅助设计的基本概念、基本方法和基本技能。

第 1 部分:基础知识。包括工程图纸的规范管理、CAD 技术的标准化、计算机绘图软件平台(AutoCAD)的基本操作命令的使用方法和应用技巧;

第 2 部分:绘制图样。在读懂建筑电气相关工程图纸的基础上,介绍绘制工程图纸所用的工具菜单的使用方法,包括基本的建筑类元素、电气设备符号、导线连接及相应的标注和注释;

第 3 部分:计算功能。讲述计算机进行建筑电气计算的方法和步骤,包括照度计算、负荷计算、电流计算及建筑物年雷击数的计算。

本书强调专业知识与专业绘图软件的密切关系,即必须具备必要的专业知识才有可能使用好专业绘图软件;只有掌握了相关的专业知识,才有可能充分发挥计算机绘图软件的优势,完成高质量的工程设计与施工。

本书由北京联合大学郑坚编著,由范同顺负责主审。

本书力求做到内容全面及时、通俗实用,但由于编者专业水平有限,加之时间仓促,书中难免存在缺漏或不当之处,敬请各位同行、专家和广大读者批评指正。

编者:郑坚

2012.10

目　　录

第 1 部分　基础知识

第 2 部分　专业图纸的绘制

第 3 部分　电气系统与电气计算

目　　录

第 1 部分　基 础 知 识

随着计算机绘图技术的发展,软件技术也不断地更新,特别是能够满足各专业工程制图的专业绘图软件也是层出不穷,如:工程建设行业、制造业、电气与电子行业、汽车与交通运输行业等。只要掌握了计算机绘图的基础知识,掌握了本专业的基本知识,学会绘图软件的基本操作方法,就能够很好地完成工程图纸的设计和绘图任务。

就像我们学习计算机编程语言一样,有了 BASIC 语言的基础,对于学习更新更高级的 C 语言、VB 语言、JAVA 语言、C♯ 语言等,都是很容易入门和精通的。绘图软件也是一样,国内当前比较流行的专业绘图软件有:天正 CAD、浩辰 CAD、大雄 CAD、CAXA 等。

计算机辅助绘图技术是每个现代工程设计绘图人员必须掌握的基本技术,这就像以前的设计绘图人员一定会使用传统的尺规绘图工具一样。本书主要结合 AutoCAD 的绘图功能,介绍计算机辅助绘图技术。书中内容包括常用绘图及图形编辑命令的使用方法、绘制精确图形的辅助技术、图纸规范、文件管理、标注尺寸、实体造型、命令文件、形以及绘图输出等。

基础是很重要的,特别是绘图领域中的标准和规范是基础中的基础。实践证明,"手工图板"绘图能力是计算机绘图能力的基础,学习工程图,需要一定的画法几何的知识和空间分析能力,需要一定的识图能力,尤其是几何作图的能力,同时也不能忽略对专业知识的了解和积累,一般来说,能够把专业知识与绘图技巧很好地结合起来,学起来较容易些,效果较好!

循序渐进是主要的学习方法。整个学习过程应采用循序渐进的方式,先了解计算机绘图的基本知识,如相对直角坐标和相对极坐标等,使自己能由浅入深,由简到繁地掌握绘图软件的特点、环境和基本的操作方法。特别要注意在学习过程中始终要与实际应用相结合,不要把主要精力花费在各个命令上而孤立地学习,要把学以致用的原则贯穿整个学习过程,以使自己对绘图命令有深刻和形象的理解,有利于培养独立完成绘图的能力。

第1章　绘图软件简介

本教材以比较流行的通用绘图软件 AutoCAD 为例，AutoCAD 是美国 Autodesk 公司开发的一个交互式图形软件包，它具有很强的二、三维作图及编辑功能，可以在微机和工作站上运行。由于它是一个通用的图形软件，所以适应领域很广泛，可用于机械、电子、建筑、地理等各个行业，因此它是目前国内应用最广的图形软件之一。从 1982 年 12 月开发出 AutoCAD1.0 版起经历了 30 年的发展历程，目前的最新版本为 AutoCAD2012，有一系列的套件产品，参考网址：http://www.autodesk.com.cn/。

1.1　通用交互式绘图软件 AutoCAD 平台

在通用绘图软件 AutoCAD 环境中有两个空间："模型空间"和"图纸空间"，它们的作用是不同的。一般来说，模型空间是一个三维空间，主要用来绘制和编辑零件和图形的几何形状，设计者一般是在模型空间完成其主要的设计构思；而图纸空间是用来将几何模型表达到工程图纸上的二维平面，专门用来模拟输出图纸的布局和预览。图纸空间有时又称为"布局"，提供直观的打印设置。

目前的设计方向是进入三维的零件建模和设计，那么零件设计好之后需要表达到工程图上时，需要对其进行各个角度的投影，标注尺寸，加入标题栏和图框等操作，在模型空间已经不能方便地进行这些操作了，在图纸空间则非常方便。在图纸空间中通过创建视口来获得模型空间的内容，还可以添加标题栏或其他几何图形。可以创建多个布局以显示不同视图，每个布局可以包含不同的打印比例和图纸尺寸。布局显示的图形与图纸页面上打印出来的图形完全一样。

软件的安装可以参考安装教程正确安装，这里主要介绍软件的工作环境。

1.1.1　窗口概述

图 1-1 显示的是 2011 版的基本环境窗口，名称是："⚙ AutoCAD 经典　▼"，另外还有："⚙ 二维草图与注释　▼"、"⚙ 三维基础　▼"、"⚙ 三维建模　▼"等工作空间，可以根据需要点击状态栏的"⚙"按钮进行切换，"AutoCAD 经典"主要使用的是下拉菜单，其他几个环境使用的都增加了图标菜单。具体方法是在屏幕的左上角的选择框中进行切换。

工作环境是由：下拉菜单、工具条、功能区、绘图区、十字光标、命令行、状态栏组成。

"下拉菜单"——在下拉菜单中按类别设置了所有的操作命令，包括系统环境的参数设定；

"功能区"——是由七个选项卡组成，打开命令为：RIBBON，中文版可以在命令行直接输入"功能区"打开，关闭命令为：RIBBONCLOSE，每个选项卡有一系列工具图标组成。

图 1-1 所示的窗口没有打开功能区。

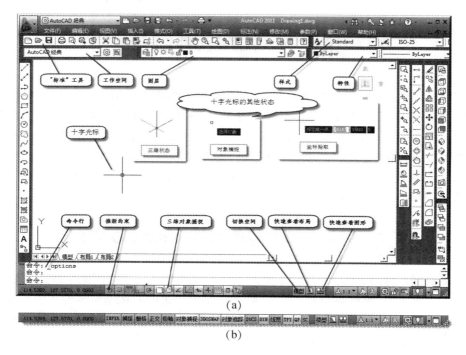

图 1-1 AutoCAD 基本环境窗口
(a)窗口全貌；(b)状态栏文字显示

"工具条"——共有 49 个工具条，可以根据需要打开或关闭，可以用鼠标拖拽到任意位置。

"绘图区"——是中间面积最大的区域，按"Ctrl＋0"组合开关键可以转为全屏显示，全屏显示只保留下拉菜单和绘图区。

"十字光标"——即鼠标所在位置，一般有 3 个状态，命令提示状态（二维和三维）、坐标拾取状态和对象捕捉状态。

1.1.2 工具条

工具条主要包括了大部分常用的绘图命令和编辑命令，可以快捷地进行操作，系统制定了 40 多组工具条，可以用鼠标右键点击任意图标后进行选择，将常用的工具条按自己的习惯放置在绘图区的周围（上、左、右边），其中有四个重要的工具条是必须打开的。

1. 标准工具条——功能如图 1-2 所示。主要包括：Windows 的常规命令、文件操作命令、绘图区屏幕的操作命令和一些辅助性的功能。其中"发布 DWF"命令 ⬚ 和"3DDWF" ⬚ 是指将图形生成 AutoCAD 的浏览文件，后缀名为 ＊.dwf。"特性匹配" ⬚ 命令的功能相当于 Office 系统中的"格式刷"功能，可以将一个对象的属性匹配给其他对象，在拾取对象时，十字光标右下角会出现一个小刷子。

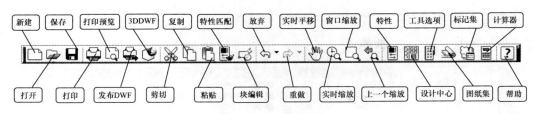

图 1-2　标准工具条

其他的辅助功能对初学者来说可能没有直接的作用,暂时可以忽略,可以根据需要循序渐进。但是对于标准化、规范化绘图,这些功能都是很有用的,比如"标记集"、"图纸集"、"计算器"都是很实用的工具。"设计中心"实际上是一个扩大了的管理中心。在设计中心,用户可以组织对图形、块、图案填充和其他图形内容进行访问。可以将其他图形文件中的任何内容拖动到当前图形中。可以将图形、块和图案填充拖动到工具选项板上。其他图形文件可以位于当前计算机、网络位置或网站上。另外,如果打开了多个图形,则可以通过设计中心在图形之间复制和粘贴其他内容(如图层定义、布局和文字样式)来简化绘图过程。

使用设计中心可以:

- 浏览当前计算机、网络驱动器和 Web 页上的图形内容(例如图形或符号库);
- 在定义表中查看图形文件中命名对象(例如块和图层)的定义,然后将定义插入、附着、复制和粘贴到当前图形中;

更新(重定义)块定义;

- 创建指向常用图形、文件夹和 Internet 网址的快捷方式;
- 向图形中添加内容(例如外部参照、块和图案填充);
- 在新窗口中打开图形文件;
- 将图形、块和图案填充拖动到工具选项板上以便于访问。

2. 图层工具条——功能如图 1-3 所示。图层相当于图纸绘图中使用的重叠图纸。图层特性管理器是管理图层特性的工具,如图 1-4 所示。图层特性管理器按名称的字母顺序排列所有已有的图层。图层的属性包括:

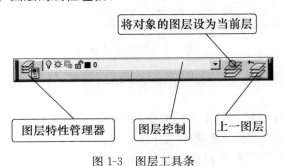

图 1-3　图层工具条

- 打开:关闭的图层不显示、不编辑、不打印;
- 冻结:冻结的图层不显示、不编辑、不打印,不参与系统重新生成图形,对较大的图可以节省计算时间;
- 锁定:锁定图层后不能编辑已有对象,锁定图层可以减小对象被意外修改的可能性。

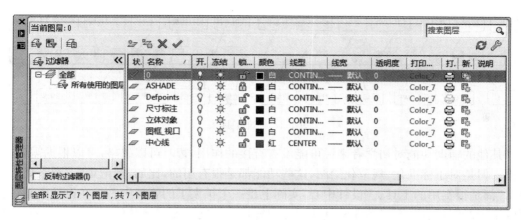

图 1-4　图层特性管理器

仍然可以将对象捕捉应用于锁定图层上的对象,并且可以执行不会修改对象的其他操作;

- 颜色:该层所有对象统一的默认色;
- 线型:该层所有图线统一的默认线型;
- 线宽:该层所有图线统一的默认线宽;
- 透明度:可以减少对其他对象的遮挡程度。

"0"层是系统默认的,不可删除也不可重命名,一般情况下可将其作为临时工作层。

在 CAD 制图时要养成良好的绘图习惯。可以将轮廓、辅助线等建立在不同的图层,并使用不同颜色、不同线型的线条,这样在绘图过程中及事后的编辑中会显的很方便;立体图形的不同部分也可以建立在不同的图层上,并建立图块,事后编辑将显得非常顺手。

3. 特性工具条——功能如图 1-5 所示。由四个选择框组成,最后一个无效。主要功能是对所操作对象的颜色、线型、线宽三个属性的管理,包括两个方面:

图 1-5　特性工具条

- 当无对象被选择时框内显示当前默认的颜色、线型、线宽状态,若改变状态只对之后的操作器作用;

- 当有对象被选中时框内显示当前对象的颜色、线型、线宽状态属性,如多个对象的属性不统一,则显示为空,若改变状态即对选中的对象的相应属性进行了改变。

一般情况下应该用"层"来管理这些属性是比较规范的,只要选择"ByLayer"随层定参数而定,只有在对个别的特殊对象有特殊要求时可以进行这样的处理。

4. 样式工具条——功能如图 1-6 所示。主要功能是对与文字有关的样式设置,可以选择已有的样式,也可以重新设置,改变后只对之后的操作起作用。三种样式的设置是随图形文件一起保存的。

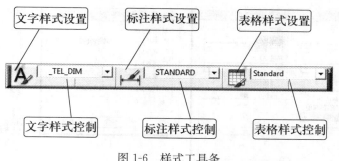

图 1-6　样式工具条

1.1.3　状态栏

状态栏位于窗口的最下方,除了显示十字光标的位置以外,左侧有一组开关按钮,包括:捕捉模式、正交模式、栅格显示、显示线宽等等,这些开关按钮有图标和文字两种状态,用鼠标右键单击这些图标在出现的快捷菜单中点击 ✔ 使用图标(U) ,即可切换成另一种状态,见图 1-1(b),开与关状态由显示颜色区分。初学者应该了解这些开关的意义和功能,熟练掌握后可以大大提高绘图效率。右侧还有一些切换或设置按钮,如工作空间的切换,模型与布局的切换,以及状态按钮和坐标值的显示与关闭等。

要提高绘图的速度和效率,可以显示并捕捉矩形栅格。还可以控制其间距、角度和对齐。经历过手工设计绘图时期的人都知道,首先要绘制一张草图,往往要使用一张与实际图纸同样大小印有网格的坐标纸(方格纸),坐标间隔为 1mm,在上面边设计边绘图,效率很高,因为有方格可以不用尺子。

栅格:▦、栅格(GRID)栅格是点或线的矩阵,遍布指定为栅格界限的整个区域。使用栅格类似于在图形下放置一张坐标纸。利用栅格可以对齐对象并直观显示对象之间的距离。不打印栅格。

捕捉:▦、捕捉(SNAP)捕捉模式用于限制十字光标,使其按照用户定义的间距移动。当"捕捉"模式打开时,光标似乎附着或捕捉到不可见的栅格。捕捉模式有助于使用箭头键或定点设备来精确地定位点。

"栅格"模式和"捕捉"模式各自独立,但经常同时打开,步长设为相等。绘图过程就相当于在坐标纸上一样,当打开捕捉模式时,屏幕十字光标和所有输入的坐标被捕捉到栅格上最近的点。捕捉分辨率定义栅格的间距。

1.1.4　绘图区

绘图区可以是二维或者三维坐标系的显示,当鼠标在绘图区中移动时,可以看到窗口左下角坐标的动态显示,是有单位的,AutoCAD 的图形单位设置如图 1-7 所示。

国家标准规定工程图纸统一以公制毫米(mm)为单位,输出图纸时根据幅面大小选择适当比例。在设置图形长度单位时选"小数"类型,"工程"和"建筑"使用的是英制单位,国内图纸很少使用。精度应选择整数,角度根据需要选择。

7

图 1-7　AutoCAD 的图形单位设置

(a)"图形单位"对话框；(b)"方向控制"对话框；(c)单位选项

"无单位"——也是有用的，如果插入图块或外部图形时不按指定单位缩放，可以定义为无单位。

绘图界限（LIMITS）

LIMITS 是用于模型空间的命令，它可以在 xy 平面内定义一个区域，如果用键盘输入区域对角线的两个端点，必须是二维数据，如果用鼠标拾取屏幕坐标，必须是在"俯视"状态下才可完成。有人说这个设置没有什么用处，与绘图无关，CAD 默认图纸无限大，设置图形界限只是将图形限制在一定范围内，一般给的数值都比较大，也不会影响其他操作。笔者认为从规范化的角度讲，每张图都应该设定一个合理（标准图幅）的绘图界限，就相当于画图之前要选好图纸，使用缩放命令时不会出现看不到图形的现象。

放大和缩小屏幕的显示比例最简单的方法是上下推动鼠标轮，双击鼠标中键（滚轮）可以完成全部缩放，平移命令👋是按住鼠标左键拖拽整个绘图区做平面移动。图 1-2 中显示的是"窗口缩放"🔍，用鼠标按住图标右下角的黑色三角，可以下拉出所有缩放命令，包括：窗口缩放、动态缩放、比例缩放、中心缩放、全部缩放、范围缩放等。虽然鼠标操作简单快捷，但还是有局限性的，只有了解各缩放命令的特点和它们之间的差别，并熟练掌握缩放命令（ZOOM）后，才能更有效地控制屏幕图形的显示效果。

键盘输入"Z"确定后，命令行有一个提示：

ZOOM

指定窗口的角点，输入比例因子 (nX 或 nXP)，或者

[全部 (A) /中心 (C) /动态 (D) /范围 (E) /上一个 (P) /比例 (S) /窗口 (W) /对象 (O)]＜实时＞：

等待用户继续输入数字或关键字。

表 1-1 列出了各关键字的操作效果和特点。

表 1-1　缩放功能说明

关键字	名称	图标	效果和特点
A	全部		在当前视口中缩放显示整个图形。在平面视图中，所有图形将被缩放到图形界限和当前范围两者中较大的区域中。在三维视图中，"全部缩放"选项与"范围缩放"选项等效。即使图形超出了栅格界限也能显示所有对象。空图时图形界限充满显示
C	中心		缩放显示由中心点和放大比例（或高度）所定义的窗口。高度值较小时增加放大比例，高度值较大时减小放大比例
D	动态		缩放显示在视图框中的部分图形。视图框表示视口，可以改变它的大小，或在图形中移动。移动视图框或调整它的大小，将其中的图像平移或缩放，以充满整个视口
E	范围		缩放以显示图形范围并使所有对象最大显示
P	上一个		缩放显示上一个视图。最多可恢复此前的 10 个视图
S	比例		以指定的比例因子缩放显示 输入比例因子(nX 或 nXP)：指定值 输入的值后面跟着 x，根据当前视图指定比例。例如，输入 .5x 使屏幕上的每个对象显示为原大小的二分之一 输入值并后跟 xp，指定相对于图纸空间单位的比例。例如，输入 .5xp 以图纸空间单位的二分之一显示模型空间。创建每个视口以不同的比例显示对象的布局 输入值，指定相对于图形界限的比例。(此选项很少用。)例如，如果缩放到图形界限，则输入 2 将以对象原来尺寸的两倍显示对象
W	窗口		缩放显示由两个角点定义的矩形窗口框定的区域 指定第一个角点：指定点(1) 指定对角点：指定点(2)
O	对象		缩放以便尽可能大地显示一个或多个选定的对象并使其位于绘图区域的中心。可以在启动 ZOOM 命令前后选择对象
	实时		利用定点设备，在逻辑范围内交互缩放 按 ESC 或 ENTER 键退出，或单击鼠标右键显示快捷菜单 光标将变为带有加号(＋)和减号(－)的放大镜。关于实时缩放时可用选项的说明 当前图形区域用于确定缩放因子。ZOOM 以移动窗口高度的一半距离表示缩放比例为 100%。在窗口的中点按住拾取键并垂直移动到窗口顶部则放大 100%。反之，在窗口的中点按住拾取键并垂直向下移动到窗口底部则缩小 100% 注意：若将光标置于窗口底部，按住拾取键并垂直向上移动到窗口顶部则放大比例为 200% 当达到放大极限时光标的加号消失，这表示不能再放大；当达到缩小极限时光标的减号消失，这表示不能再缩小 松开拾取键时缩放终止。可以在松开拾取键后将光标移动到图形的另一个位置，然后再按住拾取键便可从该位置继续缩放显示。要在新的位置上退出缩放，请按 ENTER 键或 ESC 键

1.1.5　命令行

命令行的主要作用是接受键盘操作命令和数据，大小可以改变，默认为三行，功能键"F2"可以以窗口的形式打开观察近期使用命令的情况；它的另一个重要作用是在操作过程中提示操作者所要输入的内容和方式，这就是交互式绘图的特点。

其他工作空间窗口的菜单区和工具条将会有所区别，不在这里介绍。

1.2　天正电气专业绘图软件环境

天正公司是 1994 年成立的高新技术企业。十多年来，研发了以天正建筑为龙头的包括暖通、给排水、电气、结构、日照、市政道路、市政管线、节能、造价等专业的建筑 CAD 系列软件。天正电气是在 AutoCAD 环境中运行的一个平台，需要在计算机上安装 AutoCAD 系统之后再进行安装，运行天正电气时直接进入 AutoCAD 环境，其会自动加载天正菜单和天正常用工具条"TCH"，如图 1-8 所示。

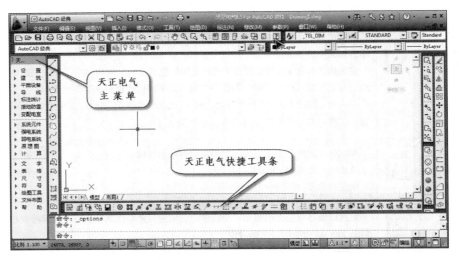

图 1-8　加载天正电气平台后的绘图环境

在这个环境中所有的 AutoCAD 命令照样使用，增加了"天正电气主菜单"和"天正电气快捷工具条"，要求操作者在熟练掌握 AutoCAD 的基本命令的基础上，同时也要学习了解建筑电气方面的专业知识（包括名词术语），才能真正体验到专业绘图软件的优越性，才能高效率、高质量地完成工程图纸的设计与绘制工作。

1.2.1　天正菜单

天正电气菜单包含了设计建筑电气工程图纸的所有命令。包括：系统参数的设置、建筑元素的绘制与标注、电气元件的绘制与编辑、系统图的绘制、原理图的绘制、计算功能、文字表格、图库管理等功能。具体的操作方法将在后面的章节中详细介绍。

图 1-9 分类列出了天正电气所有的功能菜单，每一个选项就是一组命令，点取后在命令行

都会有提示,有的是在绘图区内直接操作,还有一些是通过对话框进行操作。要求初学者认真浏览,对其中的名词术语要有一个初步的认识和理解,这对实际操作是很有帮助的。

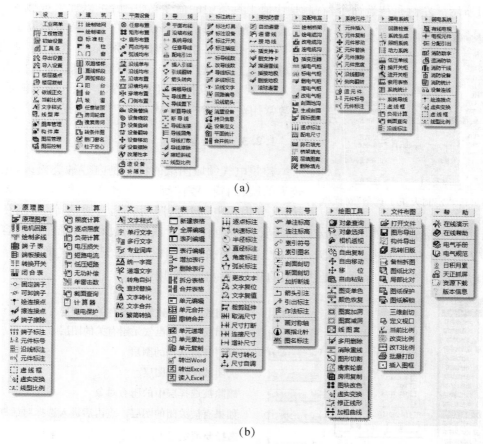

(a)

(b)

图 1-9　天正电气菜单

(a)菜单 1～10;(b)菜单 11～19

1.2.2　快捷工具

天正电气快捷工具条集中了建筑电气工程图常用的命令,如图 1-10 所示,用户还可以根据需要进行编辑修改。

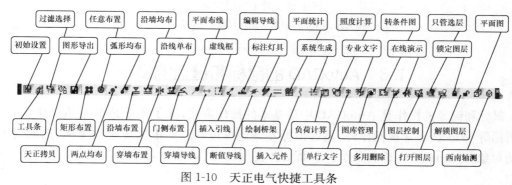

图 1-10　天正电气快捷工具条

编辑方法如下：

点开天正电气菜单的"设　置"，点取"工具条"打开“定制天正工具条”对话框，如图 1-11所示。左侧是待选命令，右侧是快捷工具条中的命令，选中后可以加入或删除，用鼠标点上下箭头可以调整该命令在工具条中的位置。

定制天正工具条
平面设备
菜单组
设备擦除
改属性字
造设备
块属性
扇形布置
矩形布置
任意布置
两点均布
弧线均布
加入 >>
<< 删除
修改快捷
矩形布置
任意布置
两点均布
弧线均布
沿墙布置
沿墙均布
穿墙布置
沿线单布
门侧布置
平面布线
命令 rybz
快捷命令
RY
天正快捷工具条
确定
取消

图 1-11　“定制天正工具条”对话框

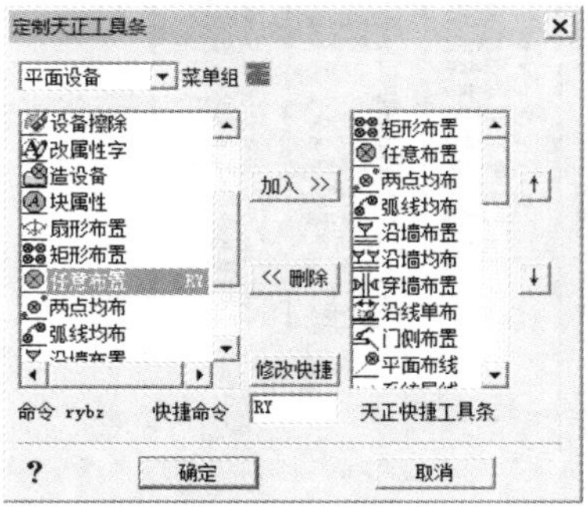

另外还可以给每条命令附加一个快捷键，比如"任意布置 RY"就是“RY”，这意味着不用鼠标直接用键盘输入“RY”就可以执行任意布置命令了，如果能够记住多数常用命令的快捷方式，可以大大地提高工作效率。

1.2.3　图层管理

建筑电气领域图纸的特点是内容种类繁多，包括建筑类的墙、门窗、楼梯等，电气类的电气设备及导线连接，又分为强电、弱电、照明、消防、通信等，绘制在一张图内显得比较杂乱，只能用图层分门别类管理，才能在设计或绘图过程中，既保证内容相互关联，又使操作互不干扰。点击天正快捷工具条中的图标，打开天正电气增加的一组图层控制命令，如图 1-12 所示。表中列出的几个命令比较实用：

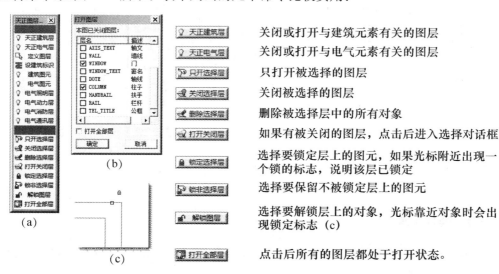

天正图层...
天正建筑层
天正电气层
定义图层
设建筑标识
建筑图元
电气图元
电气照明层
电气动力层
电气消防层
电气通讯层
只开选择层
关闭选择层
删除选择层
打开关闭层
锁定选择层
锁非选择层
解锁图层
打开全部层
(a)
打开图层
本图已关闭图层:
层名
描述
AXIS_TEXT 轴文
WALL 墙线
WINDOW 门
WINDOW_TEXT 窗名
DOTE 轴线
COLUMN 柱子
HANDRAIL 扶手
RAIL 栏杆
TEL_TITLE 公框
打开全部层
确定
取消
(b)
(c)
天正建筑层
关闭或打开与建筑元素有关的图层
天正电气层
关闭或打开与电气元素有关的图层
只开选择层
只打开被选择的图层
关闭选择层
关闭被选择的图层
删除选择层
删除被选择层中的所有对象
打开关闭层
如果有被关闭的图层，点击后进入选择对话框
锁定选择层
选择要锁定层上的图元，如果光标附近出现一个锁的标志，说明该层已锁定
锁非选择层
选择要保留不被锁定层上的图元
解锁图层
选择要解锁层上的对象，光标靠近对象时会出现锁定标志（c）
打开全部层
点击后所有的图层都处于打开状态。

图 1-12　天正图层控制

(a)天正主菜单；(b)图层选择；(c)锁定标志查看

1.3　AutoCAD 的鼠标和键盘的操作

鼠标和键盘的操作是 AutoCAD 中最基本的操作方式，除了实现选取菜单和单击工具栏图标等 Windows 常规操作外，通过鼠标左键还可以在绘图中实现定位坐标、选取对象、拖动对象等 AutoCAD 基本操作。下面结合实例的操作，来学习 AutoCAD 中基本命令的操作。

1.3.1　鼠标

1. 鼠标悬停

鼠标悬停工具提示,当鼠标光标停留在工具栏中任一图标按钮上时,系统会自动显示该按钮的名称和该工具的相关帮助信息,如图 1-13 所示。

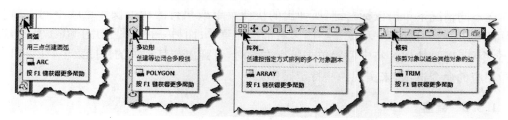

图 1-13　鼠标移动到工具图标

2. 鼠标框选

通过单击鼠标左键,可以拾取对象。移动光标至绘图区域中的任一对象上单击,可将其选中,在不同的两点连续点击可以进行框选(矩形),先左后右为相对框选,为绿色,如图 1-14(a)所示;先右后左为绝对框选,为蓝色,如图 1-14(b)所示。

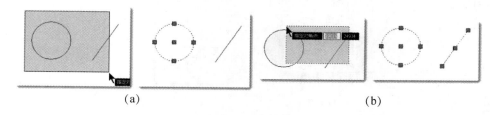

(a)　　　　　　　　　　　　　　　　(b)

图 1-14　矩形框选前后
(a)从左向右;(b)从右向左

3. 夹点控制

对象被拾取后出现的蓝色夹点为该对象的控制点,用鼠标左键点击变成红色后可以进行编辑。比如一段直线有三个夹点,中点可以控制位移,端点可以改变坐标[图 1-15(a)];圆有五个夹点,圆心可以控制位移,四个象限点可以改变直径[图 1-15(b)];如果是一段圆弧,有四个夹点,圆心可以控制位移,圆弧中点可以改变圆弧半径,圆弧端点可以延长或缩短圆弧[图 1-15(c)],可以保持半径不变,也可以改变半径大小。如果打开了追踪功能,通过夹点还可以读到对象的基本信息[图 1-15(a)、(d)]。

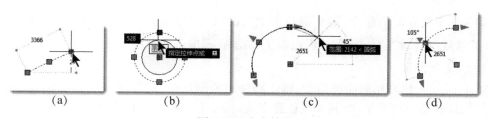

(a)　　　　　　(b)　　　　　　(c)　　　　　　(d)

图 1-15　夹点控制
(a)端点控制;(b)象限点控制;(c)端点控制;(d)中点控制

4. 鼠标轮

鼠标轮的使用。缩放绘图区中的对象最简单的方法就是上下推动鼠标轮,向上推时以光标所在位置为中心放大,向下拉以光标所在位置为中心缩小,双击鼠标轮绘图区全部缩放。

5. 鼠标右键

在不同情况下单击鼠标右键,所弹出的快捷菜单或执行的相关操作也就不同。总的来说,可以分为两种情况:一种就是绘图区右键快捷菜单;而另一种则是当用户在工具栏、选项板、命令行、工具按钮等特定位置单击鼠标右键时,可弹出与其相关的快捷菜单,在菜单中可选择相应的命令选项,来实现一些特定操作。

1.3.2　键盘

1. 屏幕输入

使用键盘在命令行中输入命令是一种极为常用的操作,一般情况下都是与鼠标结合使用的。当命令行显示"命令:"提示时,AutoCAD 就处于命令的接收状态。当状态栏中的输入状态按钮 DYN 处于打开时,且鼠标停留在绘图区时,键盘输入的内容会显示在绘图区内,否则自动显示在命令行中。尽管两个状态不一样,但按"回车"确定后的结果是一样的。如图 1-16 所示。

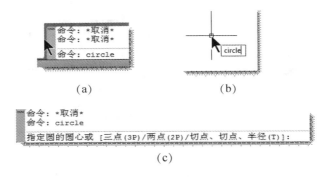

图 1-16　用键盘输入命令
(a)任务行显示;(b)屏幕显示;(c)确定后效果

2. 如何确定

在操作过程中,键盘的"Enter"键、"Space"键、鼠标的"右键"都能完成"确定",三者的效果是等同的。当一条命令完成后需要重复时,这三个动作之一均可完成。

3. 取消命令

如果需要中途取消命令,请按键盘左上角的"Esc"键;命令完成后需要取消请按 Windows 的常规组合键"Ctrl+Z",或者点击工具图标 取消。

4. 绘图命令组

图 1-17 是一组常用的绘图命令,属于添加对象的命令,操作时需要键盘和鼠标相互配合。例如从任意一点开始,绘制一段任意直线,长度为 100mm,步骤如下:

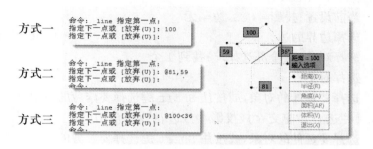

图 1-17　绘图命令工具条

点取直线命令![icon]或键盘输入"LINE"后回车,用鼠标左键拾取屏幕上任意一点,移动鼠标离开该点,键盘输入数据后且"确定"后完成。图 1-18 示出了三种键盘输入方式,使用距离测量命令![icon]查看的结果是相同的。

图 1-18　绘制一段直线

第一种方式:可以看出键盘输入的"100"决定了直线的两个端点距离为 100,鼠标拾取第一点后离开的方位决定了直线与 X 轴的夹角 36°,也就是说键盘和鼠标同时都在工作;

第二种方式:键盘输入"@81,59",这是以笛卡尔坐标输入第二点的坐标数据,其中"@"表示坐标的相对值,"81"表示 X 正方向变化 81 个单位,"59"表示 Y 正方向变化 59 个单位(注意:一定是半角逗号);

第三种方式:键盘输入"100<36",这是以极坐标形式输入第二点的坐标数据,"<"前的数值表示线段的长度,后的数值表示线段的方向,两者根据需要均可取负值。

后两种方式与鼠标光标所在的位置无关。初学者可以从以上三种方式中体验和总结出绘图命令的基本操作方法。

5. 编辑命令组

图 11-19 是一组常用的编辑命令,就是对已有的对象进行修改、编辑。计算机绘图与手工绘图有很大的区别,操作者应该熟练地掌握命令操作技巧,充分地发挥计算机的优势,才能得到事半功倍的效果。譬如说手工绘制一张图纸,同样的内容必须重复绘制,而计算机绘图有强大的复制功能;手工绘图如果画错了必须用橡皮擦去重新画,而计算机绘图可以直接对已有对象进行编辑:移动、旋转、缩放、拉伸等,这些都是在手工绘图中不可能实现的。

图 1-19　编辑命令工具条

还是以直线为例介绍基本的编辑方法。如果画了一段直线,长度不够怎么办?千万不要再画一段接上去,这是一个很不好的习惯,因为在计算机存储文件时是将两个端点坐标进行了保存,两段直线就得存储四个端点信息,这样发展下去你的文件字节数将会成倍地增长。正确的做法可以用:缩放命令、延伸命令或者用鼠标控制夹点,以下列出了操作过程中

的命令行内容,括号中内容为注释:

命令:_scale

缩放命令:

选择对象: （鼠标拾取该线段)找到1个

选择对象: （确定)

指定基点: （鼠标点取左下角端点)

指定比例因子或[复制(C)/参照(R)]:2 （确定)

命令:_extend

当前设置:投影= UCS,边= 无

选择边界的边... （鼠标拾取红色线段)

延伸命令:

选择对象或<全部选择>:找到1个

选择对象: （确定)

选择要延伸的对象,或按住 Shift 键选择要修剪的对象,或

[栏选(F)/窗交(C)/投影(P)/边(E)/放弃(U)]: （鼠标拾取该线段)

选择要延伸的对象,或按住 Shift 键选择要修剪的对象,或

[栏选(F)/窗交(C)/投影(P)/边(E)/放弃(U)]: （确定)

用鼠标控制

夹点:

（如图 1-20 所示。)

＊＊拉伸＊＊

指定拉伸点或[基点(B)/复制(C)/放弃(U)/退出(X)]:

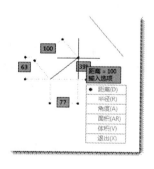
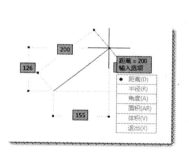

图 1-20　改变一段直线长度

　　以上缩放和延伸命令都是鼠标和键盘配合完成的,夹点控制仅用鼠标即可完成:用鼠标拾取对象并点击欲拉伸的端点后[如图 1-21(a)所示],移动光标至延长边界,系统会捕捉到"垂足"点,按下鼠标左键完成操作[如图 1-21(b)所示]。

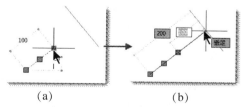

图 11-21　夹点控制改变一段直线长度
(a) 点击端点;(b) 捕捉垂足

　　6. 输入透明命令

　　透明命令是可以在不中断正在执行命令的情况下被执行的命令,也就是一个命令还没结束,中间插入另一个命令,然后继续完成前一个命令。插入的命令称为透明命令,插入透明命令是为了更方便地完成第一个命令。比如,在当前窗口中没有完全显示整个图形,你

要画的部分要比当前窗口显示的部分大很多,这时你可以进行缩放,也就是滚动鼠标滚轮,或者按住鼠标中键平移,这种情况只针对缩放。还有比如画线,在没有点下一点的情况下,可以更改"捕捉"、"栅格"、"正交"、"极轴"等。

透明命令有三种执行方法:

① 键盘输入:执行透明命令前加半角单引号"'",如"'ZOOM",回车后执行;

② 直接用鼠标点取相应的图标命令或开关命令;

③ 用鼠标点取下拉菜单中的命令。执行的过程与正常使用完全一样,交互方式均记录在命令行中。但不是所有的命令都可以作为透明命令来执行,请参考附录 1"AutoCAD 透明命令列表"。

1.3.3　追踪与捕捉

1. 对象捕捉

对象捕捉是绘图软件中最为重要的工具之一,捕捉功能可以精确地拾取到特殊点的坐标和方位。图 1-22 示出了捕捉工具的所有选项。

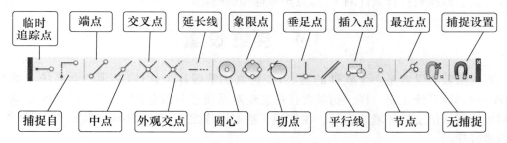

图 1-22　对象捕捉功能

在实际操作中要注意状态栏中对象捕捉的开关是否处于打开状态,需要捕捉时,当光标接近对象时会显示出捕捉到的内容,此时应该用鼠标左键点击确定。捕捉不到所需的内容是因为参数设置的问题,最简单的方法是输入相关简写(请参考附录 2"对象捕捉功能列表")。图 1-23 列出了简单的捕捉状态。(a)~(d)为捕捉起点,(e)~(g)捕捉的是到点。

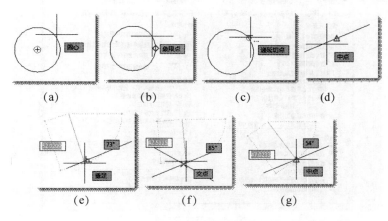

图 1-23　对象捕捉

(a)圆心捕捉;(b)象限点捕捉;(c)递延点捕捉;(d)中点捕捉;(e)垂足捕捉;(f)交点捕捉;(g)中点捕捉

2. 对象追踪

对象追踪功能经常是与对象捕捉功能结合使用的辅助功能,它可以捕捉到与对象间接有关的点。如图 1-24 所示,通过 p 点绘制一段水平线 pk,要求 k 点位于 $L1$ 与 $L2$ 交点的正上方。

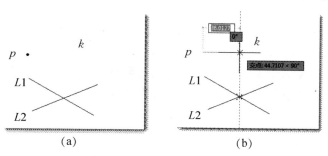

图 1-24　利用追踪功能捕捉点
(a)操作之前;(b)操作过程

操作方法是:在确定 k 点之前,将光标移到交点停留 1 秒钟,再向上移动,此时会出现一条虚线指引你找到符合条件的 k 点,点击鼠标左键确定。

1.4　系 统 设 置

系统参数的设置是一个软件的核心,要想真正掌握这个软件,必须学会系统参数的设置,AutoCAD 系统也是一样。初学者往往忽略对系统参数的管理,因为软件系统启动后都有初始的默认值支持环境的运行。在掌握了基本操作之后,系统环境参数的设置是学习软件的最好捷径。

1.4.1　系统选项

AutoCAD 的主要系统参数设可以点击下拉菜单 ➤"工具" ➤"选项"命令,打开选项对话框,如图 1-25 所示。

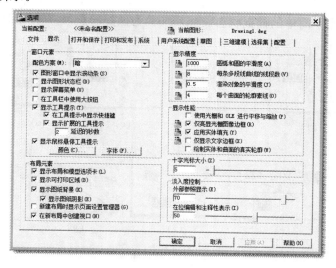

图 1-25　AutoCAD"选项"对话框

对话框按照类别共分了 10 个选项卡,其中"显示"、"打开和保存"、"草图"、"配置"和"用户系统配置"是相对比较重要的选项,浏览之后有利于用户进一步了解软件系统的功能。在学习过程中经常性地浏览和改变这些参数配置,您会发现每次都有可能得到启发或收获。

对话框中大部分选项是保存在系统中的,退出系统后再启动仍保持不变,称为"系统参数"。那些用文件图标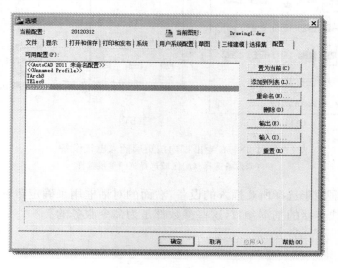表示的选项,可以随图形文件(＊.dwg)保存,称为"文件参数"。

不同的工作任务,可以使用不同的系统配置,为了方便可以将所有配置好的参数输出到配置文件(＊.arg)保存在磁盘,需要时随时可以输入,甚至可以在其他计算机上输入配置文件。图 1-26 显示了配置管理的工作界面。

图 1-26　配置文件的管理

天正电气平台在原有的基础上又增加了一个选项"电气设定",如图 1-27 所示。更加体现了其专业性强的特点。

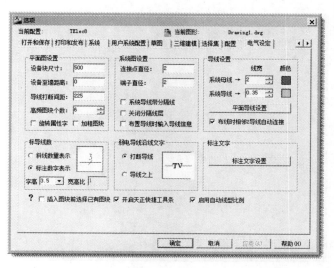

图 1-27　天正电气环境中的"选项"对话框

1.4.2 电气设定

实际上还不仅于此,天正电气是在 AutoCAD 系统中开发的平台,它的每一个菜单命令可能是由若干条 AutoCAD 命令组合的一组命令,例如在一个矩形框内按矩形插入电气设备,点击"平面设备"中的 **矩形布置** 命令后,屏幕上会出现两个对话框,如图 1-28 所示。

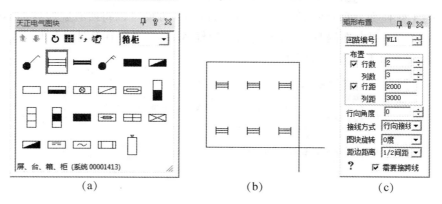

(a)　　　　　　　　　　　(b)　　　　　　　　　　　(c)

图 1-28　在矩形框内按矩形插入电气设备
(a)设备选择;(b)区域选择;(c)参数选择

左面的对话框用于选择所要插入的设备,右面的对话框用来确定布置设备的几何参数,以及设备之间导线连接的基本参数,这些参数都是为命令服务的。

第 2 章 标准与规范

CAD 技术的发展已有 60 年的历史，中国起步于 20 世纪 60 年代末期，当时只有为数不多的几个产业部门（如机械、航空、船舶等）和几所高等院校开始研究 CAD 技术，到 80 年代初，中国的 CAD 技术蓬勃发展，在工业应用中取得了经验，为我国的 CAD 系统的商品化、产业化打下了一个良好的基础。国家科委当年发出号召"要尽快让工程技术人员甩掉图版，用上电脑"，因此各高等院校普遍开设了《计算机辅助设计》课程，主要介绍计算机辅助工程设计与制图的方法，手工绘图逐渐被计算机绘图所取代。但是由于科学技术的发展，特别是像 CAD 一类信息技术的迅速发展，使得 ISO（国际标准化组织）、IEC（国际电工委员会）面临非常严峻的形势。

在工业上，传统的工作方法是在技术上成熟以后才制定产品的标准，但这种做法已远远落后于现代信息技术发展的需要。高新技术的标准化，特别是 CAD 这种复杂系统的标准化，在一开始就需要分析其标准需求并开展相应的标准化基础研究工作。换句话说：CAD 标准化研究应与 CAD 技术的发展同步，在 CAD 技术成熟之时，也是相应的标准发布之日。

由于 CAD 技术发展迅速，CAD 标准的生命周期也越来越短。我国标准化组织和各个国家的标准化部门都在加速 CAD 标准的制修订，新的 CAD 标准也随着技术的发展而不断出现。CAD 标准化应坚持采用国际标准和采用国外先进标准的"双采"方针，加速标准制修订的周期，以适应 CAD 技术的迅速发展。所以，密切跟踪 CAD 技术标准化的发展趋势非常必要。我国在 1995 年由国家科委、国家技术监督局标准局与全国 CAD 应用工程协调指导小组联合发布了《CAD 通用技术规范》，作为 CAD 技术的指导性文件，但这还不是真正的国家标准。其在发布时明确指出："《规范》只能在一段时间内保持相对稳定，在若干年以后，《规范》也一定要随着技术和标准化工作的发展而进行修订，以保证其先进性。"

当前执行的国家标准是《CAD 通用技术规范》（GB/T 17304—2009），与本教材有关的国家标准是《CAD 工程制图规则》（GB/T 18229—2000）和《电气工程 CAD 制图规则》（GB/T 18135—2008）。

2.1 图纸规范

作为工程技术人员来说，首先应该规范的是"图纸"。

2.1.1 图纸的组成

工程图纸的基本组成包括：图框、标题栏，国标规定图框的格式如图 2-1 所示，外面的矩形框是图纸的幅面，里边的矩形称为图框，要求标题栏放在图框的右下角。对图形复杂的 CAD 图纸，一般应在图幅与图框的区域内设置分区。

这里应该明确一个概念，在屏幕上绘出的对象并没有在图纸上，只是保存在"模型空间"里，图框和标题栏应该放在另一个称作"布局"的"图纸空间"里，可以直接输出到绘图机或者

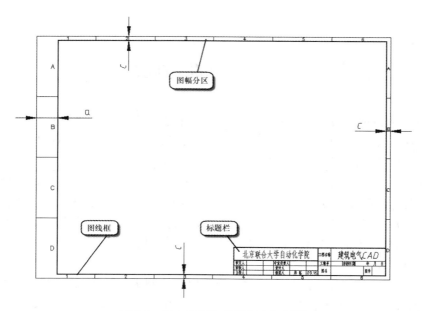

图 2-1　留有装订边的图框和标题栏

打印机。

这两个空间有许多不同,也有相同之处,对初学者来说很容易混淆,经常将应该放在图纸空间的内容放到了模型空间里。一般来说,模型空间是一个三维空间,主要用来设计零件和图形的几何形状,设计者一般在模型空间完成其主要的设计构思;而图纸空间是用来将几何模型表达到工程图纸的,专门用来进行图纸输出。

AutoCAD 规定图纸应该绘制在"布局"空间,图形绘制在"模型"空间,在"布局"空间通过"视口"才能显示和观察图形内容。图纸空间又称为"布局",是一个平面环境,它模拟图纸页面,提供直观的打印设置。在布局中是通过"视口"显示图形内容的,布局可以在"图纸"/"模型"两个模式间进行转换,一定要根据情况适时切换。

2.1.2　图幅的设置

幅面与图框之间的边距大小如图 2-2 所示。其中 e 为四边统一边距;a 装订边 25mm 为常数;其余边距 c 的大小与幅面代号的大小有关。绘图中对图纸有加长加宽的要求时,应按基本幅面的短边(B)成整数倍增加。

幅面代号	A0	A1	A2	A3	A4
尺寸 $B \times L$	841×1189	594×841	420×594	297×420	210×297
a 左边距	25				
c 其余边距	10			5	
e 统一边距	20			10	

图 2-2　幅面尺寸与边距尺寸

"布局"空间的大小应该是所选图幅的大小,用鼠标右键点击一个布局标签,选择"页面设置管理器"命令,打开"页面设置管理器"对话框,点击修改按钮 修改(M)... ,进入"页面设置"对话框。如果不确定图纸输出设备,应该在选择无打印设备的情况下进行设置,因为不是所有的设备都可以按 1∶1 输出图纸,输出时再选择设备可以按比例输出。在图纸尺寸下拉列表中选择需要的图幅,如果是英制单位应改换为 mm。如图 2-3 所示。

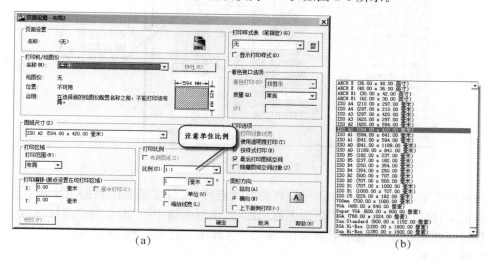

(a)　　　　　　　　　　　　　　　(b)

图 2-3　设置布局空间的图纸

(a)页面设置对话框;(b)图纸尺寸的下拉列表

2.1.3　备档拆图

一部分使用 CAD 的工程师,习惯将整个工程项目的图纸放在一个图形文件中,如图 2-4 所示。这样便于保存、传输,但是不利于浏览和输出。天正平台中的"备档拆图"命令,可以帮助您将文件中的图纸分开。

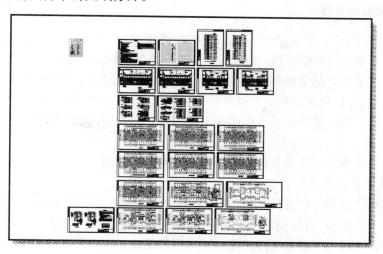

图 2-4　一个文件中有若干图纸

点击天正电气主菜单 ➤"文件布置"➤"备档拆图",打开"备档拆图"对话框,如图 2-5

所示。

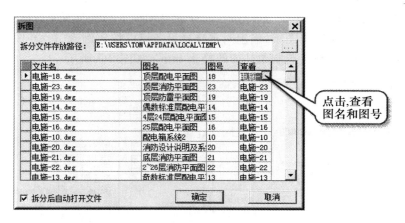

图 2-5 "拆图"对话框

在对话框中,首先确定一个拆分文件的存放路径,文件名是系统根据主文件名预设的,可以自定义,可以通过查看各图纸的名称和图号,填写表格中的"图名"和"图号"信息。如果不需要将所有文件拆分,选中后可以用"删除"键删除。点击 **确定** 按钮后系统自动执行,命令行信息如下:

命令:bdct   (备档拆图命令)

请选择范围:<整图>   (回车确定整张图)

请选择图名对象:<退出>   (点击查看按钮,进入主图查看)

请选择图名对象:<退出> ……

备档拆图命令能够正确完成的条件是,图中的矩形图框存放的图层名称必须为"TEL_TITLE"。

2.1.4 图纸的管理

AutoCAD 提供了一个很好的图纸管理功能"图纸集"。图纸集是几个图形文件中图纸的有序集合。对于大多数设计组,图纸集是主要的提交对象。图纸集用于传达工程的总体设计意图并为该工程提供文档和说明。然而,手动管理图纸集的过程较为复杂和费时。使用图纸集管理器,可以将图形作为图纸集管理。图纸集是一个有序命名集合,其中的图纸来自若干图形文件。图纸是从图形文件中选定的布局,可以从任意图形将布局作为编号图纸输入到图纸集中。

可以将图纸集作为一个单元进行管理、传递、发布和归档。

1. 图纸集管理器界面

使用图纸集管理器中的控件,可以在图纸集中创建、整理和管理图纸。

在图纸集管理器中,可以使用以下选项卡和控件:

"图纸列表"选项卡。显示了图纸集中所有图纸的有序列表。图纸集中的每张图纸都是在图形文件中指定的布局,如图 2-6(a)所示。

"图纸视图"选项卡。显示了图纸集中所有图纸视图的有序列表。仅列出用 AutoCAD 2005 和更高版本创建的图纸视图,如图 2-6(b)所示。

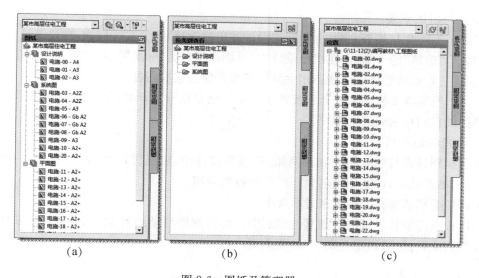

图 2-6　图纸及管理器

(a)图纸列表选项卡；(b)图纸视图选项卡；(c)模型视图选项卡

"模型视图"选项卡。列出了一些图形的路径和文件夹名称，这些图形包含要在图纸集中使用的模型空间视图，如图 2-6(c)所示。

单击文件夹可列出其中的图形文件。

单击图形文件可列出在当前图纸中可用于放置的命名模型空间视图。

双击视图可打开包含该视图的图形。

在视图上单击鼠标右键或拖动视图可将其放入当前图纸。

按钮。为当前选定的选项卡的常用操作提供方便的访问途径。

树状图。显示选项卡的内容。

局部视图或预览图。显示树状图中当前选定项目的说明信息或缩略图预览。

2. 创建图纸集

可以使用"创建图纸集"向导来创建图纸集。在向导中，既可以基于现有图形从头开始创建图纸集，也可以使用图纸集样例作为样板进行创建。指定的图形文件的布局将输入到图纸集中。用于定义图纸集的关联和信息存储在图纸集数据（DST）文件中。在使用"创建图纸集"向导创建新的图纸集时，将创建新的文件夹作为图纸集的默认存储位置。这个新文件夹名为"AutoCAD Sheet Sets"，位于"我的文档"文件夹中。可以更改图纸集文件的默认位置，但是建议将 DST 文件和工程文件存储在一起。注意 DST 文件应存储在网络中所有图纸集用户均能访问的网络位置，并使用相同的逻辑驱动器对其进行映射。强烈建议用户将 DST 文件和图纸图形文件存储在同一个文件夹中。如果需要移动整个图纸集，或者更改了服务器或文件夹的名称，DST 文件仍然可以使用相对路径信息找到图纸。

3. 整理图纸集

对于较大的图纸集，有必要在树状图中整理图纸和视图。在"图纸列表"选项卡上，可以将图纸整理为集合，这些集合被称为子集。在"图纸视图"选项卡上，可以将视图整理为集合，这些集合被称为类别。

4. 使用图纸子集

图纸子集通常与某个主题(例如建筑设计或机械设计)相关联。例如,在建筑设计中,可能使用名为"建筑"的子集;而在机械设计中,可能使用名为"标准紧固件"的子集。在某些情况下,创建与查看状态或完成状态相关联的子集可能会很有用处。

您可以根据需要将子集嵌套到其他子集中。创建或输入图纸或子集后,可以通过在树状图中拖动它们对它们进行重排序。

5. 使用视图类别

视图类别通常与功能相关联。例如,在建筑设计中,可能使用名为"立视图"的视图类别;而在机械设计中,可能使用名为"分解"的视图类别。

可以按类别或所在的图纸来显示视图。

可以根据需要将类别嵌套到其他类别中。要将视图移动到其他类别中,可以在树状图中拖动它们或者使用"设定类别"快捷菜单项。

2.2 样 板 图

为了提高制图的效率和图纸的标准化,应该利用 AutoCAD 的"布局空间"进行标准图纸的设置,在图纸上开设"视口"缩放显示"模型空间"的内容,为图纸的输出做好准备。

AutoCAD 系统编辑的图形文件后缀为 *.dgw,另外还有一种后缀为 *.dwt 的样板文件,这个样板文件就相当于一个模板,可以将一些有用的信息保存在其中,以备调用。

2.2.1 打开一个新文件

新文件的样式以国标图纸为样板,可以在 AutoCAD 的样板库中找到,样板库的路径为:

C:\ProgramFiles\AutoCAD20xx\UserDataCache\Template

如果找不到,该文件夹可能是处于隐藏状态。利用"文件夹选项"命令改变状态。

在"选择样板"对话框中选择 Gb_a... 系列的样板图 打开(①)。如图 2-7 所示。

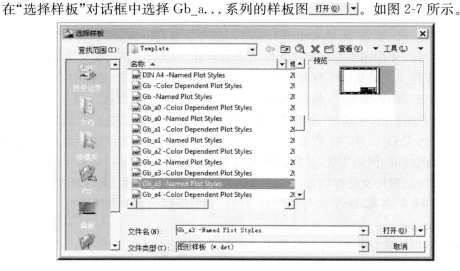

图 2-7 选择样板图

　　此时的布局是一个标准的图纸,包括:图框、标题栏,还有视口,同时在图层控制栏中显示了几个新加入的图层。这是为了提高效率,通常将一些通用的图形基本参数存储在样板文件中,可以节省很多时间。一般包括:

- 单位格式和精度
- 标题栏与边框
- 图层名
- 捕捉和栅格间距
- 文字样式
- 标注样式
- 多重引线样式
- 表格样式
- 线型
- 线宽
- 布局
- 页面设置

2.2.2　制作样板图

　　下面为绘制三视图制作一个自己的样板图,用以上方法打开的一个新文件,选择 A3 图幅,如图 2-8 所示。

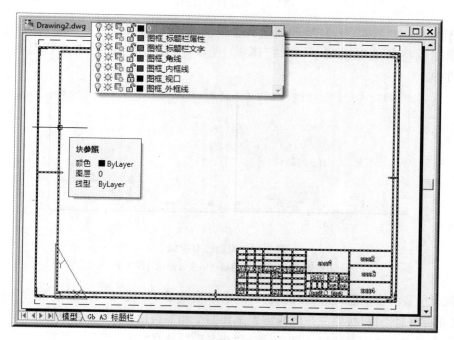

图 2-8　来自系统的样板图
Gb_A3 title block

随系统样板图插入的内容有:图层设置、文字样式"工程字"、块参照等。图框和标题栏

27

是一个带有属性的块,属性是将数据附着到块上的标签或标记。属性中可能包含的数据包括零件编号、价格、注释和物主的名称等等。标记相当于数据库表中的列名。块是一组对象的总称。AutoCAD 把块作为一个单独的、完整的对象来操作。用户可根据需要将图块按给定的缩放系数和旋转角度插入到指定的任一位置,可以用块编辑器进行编辑修改,或者用"分解"命令将其打散后再进行编辑。

为三视图样板图做以下修改:

增设四个图层:实体、挖切、中心线、尺寸标注,具体属性如图 2-9 所示。

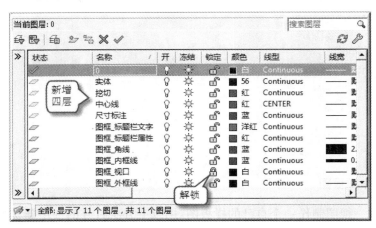

图 2-9　增设四个新图层

点击图 2-9 中"图框_视口"层的锁定状态解锁,删除已有视口。不解锁无法删除,为了防止误删除可将其他层锁定,只解锁"图框_视口"层,利用左向框选选择已有视口,如图 2-10所示。

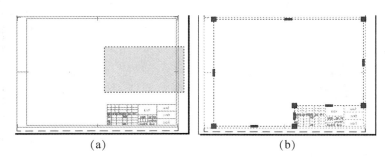

图 2-10　删除已有视口

(a)解锁视口层锁定其他层;(b)多边形视口被选中

将视口层置为当前层,插入新的视口,点击下拉菜单 ➤ "视口" ➤ "新建视口"或点击命令,打开视口对话框,按照三视图的需要选择四个相等视口,如图 2-11 所示。

如果是一次性使用多视口,可以不填写"新名称",选择"四个相等",设置为"三维"状态;分别为每个视口确定视图名称和视觉样式,视图配置关系要符合规定。视觉样式在操作过程中还可以根据需要随时改变。点击命令后将视口建在图纸的内框上,如图 2-12 所示。

以样板图格式保存文件备用。

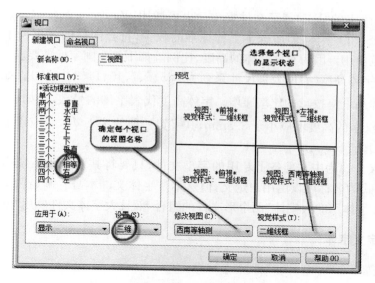

图 2-11 建立视口对话框

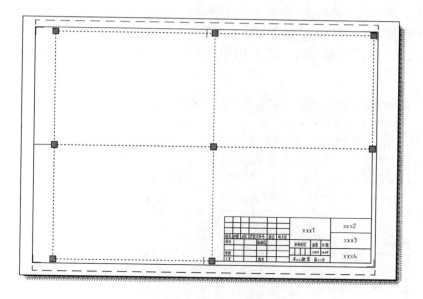

图 2-12 将视口建在图纸内框线上

2.3 字 体 规 范

工程图要求字体工整,计算机肯定能够做到,关键是选择字体,保证中文、大写字母、小写字母以及阿拉伯数字的高度比例一致,看起来才整齐,这一点大部分字体都不能够满足。

2.3.1 字体样式

AutoCAD 提供了许多使用形定义的字体文件供用户使用,这些字体文件保存在

AutoCAD主文件夹的"Fonts"子文件夹中。也可调用 Windows 系统字库,支持 TrueType 字体以及 PostScript 字体,但适合于工程标准的较少,符合国标的就更少了。建议不可滥用,一定要规范使用。因为有些字体的高度、比例等都不符合国家标准要求。

国标规定字体高度(h)的公称尺寸系列为 3.5、5、7、10、14、20(mm)。如需要使用更大的字时,其字体高度应按$\sqrt{2}$的比率递增。字体高度代表字体的号数,例如 10 号字即表示字高为 10mm。汉字的高度不应小于 3.5mm,其字宽一般约为 $h/\sqrt{2}$,对应以上高度的宽度为 2.5、3.5、5、7、10、14(mm)。

AutoDesk 公司为中文准备了专用的字型文件,只要将其设置为系统当前的默认字体即可。字体样式的名称可以由用户定义,但这不是字体文件本身。满足国标规定的字体样式一定是"shx 字体"和"大字体"两个形文件的组合,而且大字体文件要用"gbcbig. shx"。

2.3.2　定义字体

具体方法如下:

点击下拉菜单"格式"中的文字样式命令 A̲ 文字样式(S)... ,出现"文字样式"对话框,如图 2-13所示。选中已有的标准(Standard)字体,将"shx 字体"选项定位"gbenor. shx",勾选"使用大字体"复选框,在"大字体"选项定为"gbcbig. shx",再点击一下"置为当前"按钮 置为当前(C) ,点击"关闭"按钮退出。或者用同样的方法新建一个自己使用的字体,比如"我的字体"。

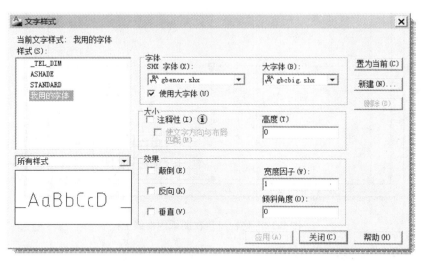

图 2-13　建立中文字体

可以将字的高度暂定为 0,输入时根据需要再确定高度,因为一旦在这个对话框中定义了高度,则该"文字样式"的高度将不可调整。

AutoCAD 有关文字的命令如图 2-14 所示,其中"多行文字"命令适合在一个矩形区域填写,因为写出的文字具有 3 个控制点;"单行文字"命令填写的内容以行为单元,每行只有一个控制点(左下角),便于自由填写。输入文字的操作方式也截然不同,"多行文字"命令要求输入两个点确定矩形区域的对角线,其他参数要在对话框中确定;而"单行文字"命令要求输入一个基点作为本行文字的启动点,输入一个数值作为字体的高度,输入一个角度值作为文本行的垂直方向。两个命令的结束也不一样,"多行文字"命令需要点击按钮,回车只是完成换行;"单行文字"命令回车表示本行文字输入结束,紧接着再回车本次命令结束。

如果是字数较多的文字输入,应该使用"多行文字"命令,因为该命令是在一个类似文本编辑器的环境中完成的,可以得到整齐规范的文本编辑。如图 2-15 所示为分别用"多行文字"和"单行文字"命令输入的文本,选中后通过拾取后夹点的数量就可以判断出所使用的文字命令。"多行文字"命令输入的是一个整体对象,最大的优点就是容易再进行编辑。图 2-16 所示为"多行文字"命令的工作环境。

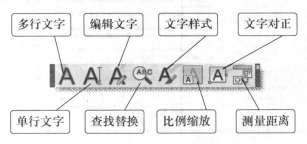

图 2-14　AutoCAD 文字的有关命令

图 2-15　两个文字输入命令的比较
(a)未被拾取;(b)无命令状态拾取

这个环境与 Word 环境很相似,操作方法也很相似,标尺和高度、宽度控制可以用鼠标直接控制,是一个所见即所得的文本编辑环境。其中"符号"是 AutoCAD 的特色,工程图中有一些不能用键盘直接输入的工程符号,只要从符号菜单中选择就可以输入了。从选项菜单中还可以学到更多的内容。

天正电气在 AutoCAD 的基础上又进行了开发扩展,在文字样式对话框中增加了中西文参数的设置。"多行文字"的操作更加简捷,如图 2-17(a)所示;改进了"单行文字"命令的输入方式,如图 2-17(b)所示。除了可以直接选择工程符号以外,还增加了词库的管理和屏幕取词功能,如图 2-18 所示,大部分专业名词术语可以直接调入;简化了多行文字的编辑功能,更加适合工程设计的需要。还值得一提的是增加了一条命令 ▧ 文字合并 ,可以将若干个单行文字合并在一起,成为多行文字。

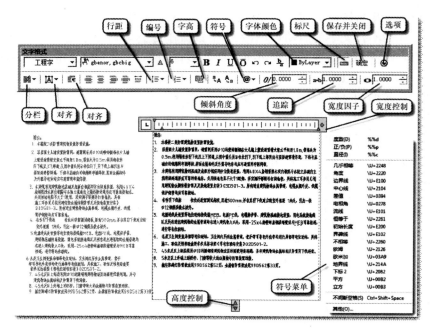

图 2-16 "多行文字"编辑环境

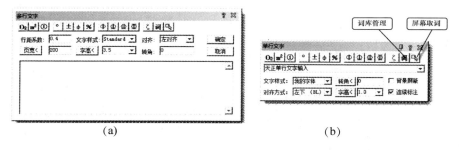

（a） （b）

图 2-17 天正电气的文字输入环境

（a）多行文字输入框；（b）单行文字输入框

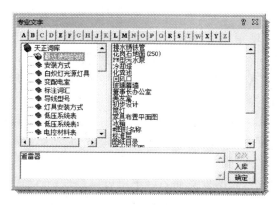

图 2-18 专业文字图库

2.4　图线规范

国家标准对工程图纸的线型有严格的规定,比如粗实线(0.2～1.5mm)表示可见的轮廓线;虚线(粗实线的 1/2)表示看不见的轮廓线;标注尺寸用细实线(粗实线的 1/3)、中心线用点画线(粗实线的 1/3)表示等。手工绘图时期只能用铅笔控制线条的粗细。CAD 工程图中所用的图线,应遵照《CAD 工程制图规则》(GB/T 18229)中的有关规定。基本线型见表 2-1。

表 2-1　基本线型

代码	基本线型	名称	AutoCAD 可载入的线型
01		实线	Continuous
02		虚线	ACAD_ISO02W100
03		间隔画线	ACAD_ISO03W100
04		单点长画线	ACAD_ISO04W100
05		双点长画线	ACAD_ISO05W100
06		三点长画线	ACAD_ISO06W100
07		点线	ACAD_ISO07W100
08		长画短画线	ACAD_ISO08W100
09		长画双点画线	ACAD_ISO09W100
10		点画线	ACAD_ISO10W100
11		单点双画线	ACAD_ISO11W100
12		双点画线	ACAD_ISO12W100
13		双点双画线	ACAD_ISO13W100
14		三点画线	ACAD_ISO14W100
15		三点双画线	ACAD_ISO15W100

AutoCAD 系统内部两个线型文件 acad. lin 和 acadiso. lin,提供了一些标准线型,与国标 GB/T 18229—2000 规定是一致的,用户可以显示或打印这些文本文件,从而更好地了解如何构造线型。

天正电气为了满足专业图纸的需要,在 acad. lin 文件中增加定制了一些专业线型,见表 2-2。

表 2-2　专业线型

代码	专业线型	名称	可选择载入
T01		广播线	BRA
T02		FC 线	FC
T03		接地线	Ground
T04		避雷线	Lighting
T05		明敷设通讯线路	SR1
T06		暗敷设通讯线路	SR2
T07		电话线	TEL
T08		TG_/	
T09		TG_×	
T10		TV 线	TV

AutoCAD 系统提供了用户定义线型的功能,只要用文本格式按照 AutoCAD 线型定义格式编辑需要的线型,并将文件的后缀名定义为 *.lin 保存,然后载入新的线型文件就可以使用了。

2.4.1 线型定义格式

在线型定义文件中用两行文字定义一种线型。第一行必须以"*"开头,包括线型名称和可选说明。第二行是定义实际线型图案的代码。第二行必须以字母"A"开头,其后是一列图案描述符,用于定义提笔长度(空移)、落笔长度(画线)和点。注释行以分号";"开头。

线型定义的格式为:

`* linetype_name,description`
`A,descriptor1,descriptor2,...`

例如,名为 DASHDOT 的线型定义为:

`* ACAD_ISO04W100,ISO long-dash dot _____ . _____ . _____ .`
`A,24,-3,.5,-3`
`* DASHDOT, Dash dot _____ . _____ . _____ .`
`_____ . _____ .`
`A,.5,-.25,0,-.25`

这表示一种重复图案,以 24 个图形单位长度的画线开头,然后是 3 个图形单位长度的空移、一个 0.5 个图形单位长度的短画和另一个 3 个图形单位长度的空移。该图案延续至直线的全长,并以 24 个图形单位长度的画线结束。该线型如表 2-1(代码 04)所示。

2.4.2 线型载入

启动系统后自动加载了 acad.lin,通过"线型管理器"对话框,如图 2-19(a)所示可以加载 acadiso.lin,如果还不能够满足需要,也可以自制线型。

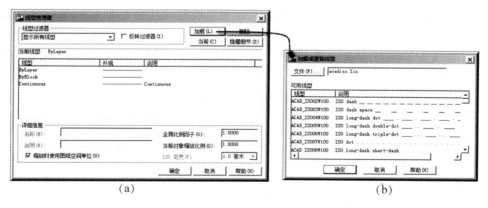

图 2-19 线型管理
(a)线型管理器;(b)加载或重载线型

图中只列出了初始默认的三种线型,Bylayer(随层)、ByBlock(随块)和 Continuous(连续)。点击加载按钮 加载(L)... 打开另一个对话框"加载或重载线型",如图 2-19(b)所示,选择新的线型(可以多选)后点击 确定 完成加载,而且随图形文件保存。点击文件命令按

钮 文件(F)... 可以载入用户指定的线型文件。

2.4.3　线型比例

通过全局更改或分别更改每个对象的线型比例因子,可以以不同的比例使用同一种线型。在绘图过程中常常会遇到线型显示不出来的问题,比如明明定义了点画线,画出来却是实线。一般情况下是因为当前屏幕单位与线段长度之间的比例关系不适合,所以看到的不是想要的线型。

默认情况下,全局线型和独立线型的比例均设定为 1.0。比例越小,每个绘图单位中生成的重复图案数越多。例如,设定为 0.5 时,每个图形单位在线型定义中显示两个重复图案。不能显示一个完整线型图案的短直线段显示为连续线段。对于太短,甚至不能显示一条虚线的直线,可以使用更小的线型比例。

线型管理器中有两个比例可以调整:"全局比例因子"和"当前对象缩放比例"。如图 2-19(a)所示。

- "全局比例因子"的值控制 LTSCALE 系统变量,可以全局更改新建对象和现有对象的线型比例。
- "当前对象缩放比例"的值控制 CELTSCALE 系统变量,可以设定新建对象的线型比例。

用 LTSCALE 的值与 CELTSCALE 的值相乘可以获得显示的线型比例。表 2-3 列出了两个系统变量之间的组合关系,可以轻松地看出线型变化的方向和趋势,比例过大或者过小都会不显示线型,成为连续线型。不可盲目修改比例因子,要根据具体情况来确定是更改"对象缩放比例"还是更改"全局比例因子",以获得图形中合适的线型比例。在布局中,可以通过 PSLTSCALE 调节各个视口中的线型比例。

表 2-3　两个系统变量之间的组合关系

CELTSCALE ＼ LTSCALE	4	2	1	0.5	0.25
4					
2					
1					
0.5					
0.25					

操作方法如下:

1. 更改选定对象的线型比例的步骤

选择要更改线型比例的对象。

单击"标准"工具条中的"特性" 打开特性选项板,如图 2-20 所示。此外,也可以在其中一个对象上双单击鼠标左键打开"特性"选项板。

在"特性"选项板中,选择"线型比例",然后输入新值。

2. 为新对象设定线型比例的步骤

单击图 1-5 中的"线型控制"打开下拉列表,如图 2-21 所示。

图 2-20　特性选项板

图 2-21　线型控制下拉列表

在"线型"下拉列表中,选择"其他"。打开"线型管理器"对话框,如图 2-19 所示。

在"线型管理器"中,单击"显示细节"以展开对话框。

输入"当前对象缩放比例"的新值。

单击"确定"。

3. 全局更改线型比例的步骤

单击图 1-5 中的"线型控制"打开下拉列表,如图 2-21 所示。

在"线型"下拉列表中,选择"其他"。打开"线型管理器"对话框,如图 2-19 所示。

输入"全局比例因子"的新值。

单击"确定"。

2.4.4　图线颜色

GB/T 18229—2000 共规定了 CAD 基本线型、变形的线型和图线颜色三项内容。除了图线颜色一项与现行标准不同外,其他内容均相同。图线颜色指图线在屏幕上的颜色,它影响到图样上图线的深浅。图线颜色选配得合适,则相应图样的图线就富有层次感,视觉效果就比较好。因此,GB/T 18229 和 GB/T 14665 对图线颜色都有明确规定,但它们的规定是有所不同的,见表 2-4。这只是机械行业对图线颜色的基本要求,各专业都有自己的规定,比如尺寸标注的颜色没有特殊规定,可以按细实线采用绿色或白色,数字一般采用红色。

表 2-4　图线颜色

序号	图线类型	线型	黑色屏幕上的颜色	
			GB/T 18229	GB/T 14665
1	粗实线		白色	绿色
2	细实线		绿色	白色
3	波浪线			
4	双折线			
5	虚线		黄色	黄色
6	细点画线		红色	红色
7	粗点画线		棕色	棕色
8	双点画线		粉红色	粉红色

2.5　图层规范

CAD 中的图层相当于图纸绘图中使用的透明的重叠图纸。图层是图形中使用的主要组织工具。可以使用图层将信息按功能编组,以及执行线型、颜色及其他属性。

通过创建图层,可以将类型相似的对象指定给同一图层以使其相关联。例如,可以将构造线、文字、标注和标题栏置于不同的图层上,然后可以控制以下各项:

- 图层上的对象在任何视口中是可见还是暗显
- 是否打印对象以及如何打印对象
- 为图层上的所有对象指定何种颜色
- 为图层上的所有对象指定何种默认线型和线宽
- 是否可以修改图层上的对象
- 对象是否在各个布局视口中显示不同的图层特性

每个图形均包含一个名为 0 的图层。无法删除或重命名图层 0。该图层有两种用途：确保每个图形至少包括一个图层；提供与块中的控制颜色相关的特殊图层。

在第 1 章中提到了天正电气平台的图层管理，这也是专业绘图软件的一大特色。正是因为天正规范了图层管理，才使得设计与绘图的效率得到了大大的提高。虽然在实际执行中还没有达到统一的标准，但是对初学者来说应该养成一个良好的习惯，对所绘制的内容应该进行分类分层管理。比如按粗实线、虚线、中心线、尺寸标注、文字等分类进行分层，最好不要把不相关的内容放在同一层内，最不好的习惯就是将绘制的所有内容都放到了 0 层。

2.6　坐标系的使用

有两个坐标系：一个是被称为世界坐标系（WCS）的固定坐标系，一个是被称为用户坐标系（UCS）的可移动坐标系。默认情况下，这两个坐标系在新图形中是重合的。

通常在二维视图中，WCS 的 X 轴水平，Y 轴垂直；WCS 的原点为 X 轴和 Y 轴的交点 $(0,0)$。图形文件中的所有对象均由其 WCS 坐标定义。但是，使用可移动的 UCS 创建和编辑对象通常更方便。UCS 工具条中有坐标变换的各种方式，如图 2-22 所示。

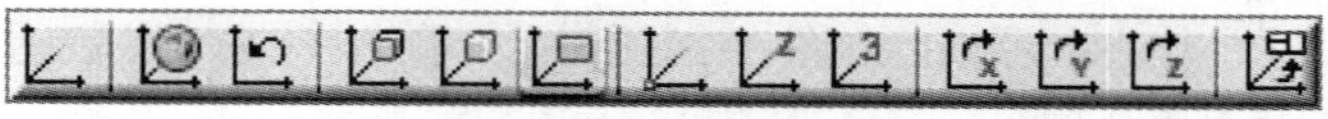

图 2-22　UCS 工具

UCS 命令的基本格式如下：

命令：_ucs

当前 UCS 名称：*没有名称*

指定 UCS 的原点或 [面 (F)/命名 (NA)/对象 (OB)/上一个 (P)/视图 (V)/世界 (W)/X/Y/Z/Z 轴 (ZA)] <世界>：

		管理用户坐标系，直接拾取相当于移动坐标原点
	W	将当前用户坐标系换为世界坐标系
	P	恢复上一个用户坐标系
	F	将实体的某一个面，定为坐标系的 XOY 平面
	OB	将用户坐标系与选择对象对齐
	V	将用户坐标系的 XY 平面与屏幕对齐
	O	通过移动原点来定义新的坐标系，转换用户坐标系的原点 $(0,0,0)$，以便于输入绝对坐标

	ZA	将用户坐标系于指定的正向 Z 轴对齐,原点为指定的第一点,第二点为 Z 轴的正方向
	3	第一点为新的坐标原点,第二点为 X 轴的正方向,第三点为 XY 平面上的一点
	X	绕 X 轴旋转用户坐标系,右手定则,拇指为 X 轴正方向,四指为旋转方向
	Y	绕 Y 轴旋转用户坐标系,右手定则,拇指为 X 轴正方向,四指为旋转方向
	Z	绕 Z 轴旋转用户坐标系,右手定则,拇指为 X 轴正方向,四指为旋转方向
		向选定的视口应用前用户坐标

2.7 表　格

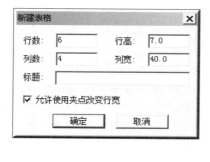

图 2-23 　"表格"子菜单

表格功能本来不是绘图软件的强项,随着计算机技术的发展和工程图纸的需要,AutoCAD 有一个比较完美的表格制作与编辑功能,可以从空表格或表格样式创建表格对象,还可以将表格链接至 Microsoft Excel 电子表格中的数据。

天正电气系统中的表格功能是一个整体;使用了类似 Excel 的电子表格编辑对话框界面,可与 Excel 进行导入/导出;具有丰富的右键菜单,可以对表格进行全屏编辑、单元编辑、单元合并、表行、表列编辑、查找替换及表格填写、单元递增、单元复制等。天正表格对象除了独立绘制外,还在门窗表和图纸目录、设备统计表等处应用。天正电气主菜单中的"表格"子菜单如图 2-23 所示。

1. 创建

点击天正电气主菜单 ➤ "表格" ➤ "　新建表格　",弹出"新建表格"对话框,如图 2-24 所示。输入行数、列数及标题名称,点击"　确定　"按钮,选定表格位置。

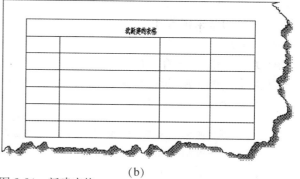

| (a) | (b) |

图 2-24 　新建表格

(a)"新建表格"对话框;(b)空白表格

命令行提示如下:

命令:T83_TNewSheet　　　　　　　　　　　　　　　　　　　　　　(命令)

左上角点或[参考点(R)]<退出> :　　　　　　　　(拾取点为表格的左上角)

注意:对话框中的数值均以 mm 为单位,插入图中后放大了 100 倍,因为当前的比例为 1∶100。表格的行可以增加或删除,而列的数量不可改变。

2. 夹点控制

生成的空白表格是一个整体，在"命令"提示下用鼠标拾取可看到表格的控制点，如图 2-25 所示。

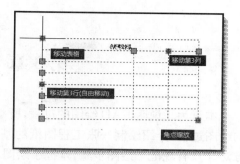

- 左上角的夹点：控制表格的整体位移；
- 右下角的夹点：控制表格的整体缩放；
- 横排的夹点：控制各列的宽度；
- 竖排的夹点：控制各行的宽度。

3. 编辑单元格

用鼠标左键双击表格，可以打开"表格设定"对话框，在对话框中以标签的形式列出了表格的：

图 2-25　表格的夹点控制

"文字参数"、"横线参数"、"竖线参数"、"表格边框"、"标题"的有关信息，在此可以重新设定，如图 2-26 所示。

(a)　　　　　　　　　　(b)　　　　　　　　　　(c)

图 2-26　"表格设定"对话框

(a)"文字参数"标签；(b)"表格边框"标签；(c)"标题"标签

在对话框中又以命令按钮的形式列出了："全屏编辑"、"单元编辑"、"单元合并"、"表行编辑"、"表列编辑"。这 5 个命令按钮的功能与子菜单中的命令是一样的。

利用"全屏编辑"和"单元编辑"可以很方便地向表格填写内容，如图 2-27 所示。其中图 2-27(a)类似于图 2-17(b)单行文字输入框。

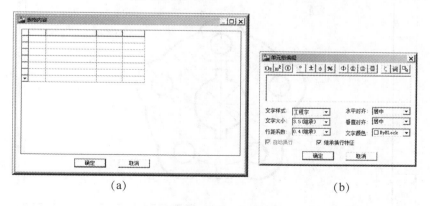

(a)　　　　　　　　　　　　　　　　　　　(b)

图 2-27　填写表格

(a)"全屏编辑"窗口；(b)"单元格编辑"对话框

还有其他对表格的实用操作功能，将在后续章节具体讲解。

第3章 基本操作

本章为了说明 CAD 绘图的过程,所举例题与建筑电气内容无关,主要目的是通过简单的绘图过程,介绍绘制一张工程图纸的基本步骤和 AutoCAD 绘图命令和编辑命令的使用方法。只有规范了绘图步骤,掌握了绘图工具的操作技巧,才能为绘制专业工程图纸打下良好的基础。

所谓绘图工具就是那些图标工具,每一个图标就是一条或一组命令,执行后会完成一项绘图的任务,在使用中有很多技巧。比如绘制一个零件,需要用 30 条命令完成,有可能有人用了 25 条命令就完成了,结果是一样的。这说明绘图过程没有固定的模式和操作方法,要看你对绘图工具(命令)的理解和掌握,要靠反复的练习和不断地总结才能提高。

3.1 平面图形的绘制

3.1.1 分析所绘制的对象

图 3-1 给出的是一张标准的 A3 号图纸,包括:图框、标题栏、中心线、几何图形和尺寸标注。图形是由圆弧、圆、直线组成,5 个直径为 $\phi12$ 的圆均匀分布在直径为 $\phi70$ 的圆上,中心孔上下两个开槽为上下左右对称。要求在模型空间绘制几何图形,在布局空间绘制图框和标题栏,并标注尺寸。

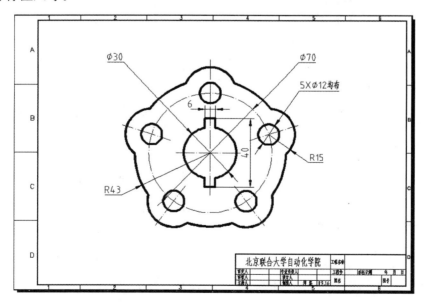

图 3-1 平面图形

图框和标题栏可以在建立一个新文件时,选择载入 GB 样板图,(见第 2 章)。使用样板图的好处不仅仅是得到了标准的图框和标题栏,同时带来了"文字样式"、"标注样式"、视口、新的图层等,如图 3-2 所示。标题栏可以改为自己需要的格式。

根据图形的内容需要新建的层为:粗实线、中心线(点画线)、尺寸标注三个层。将要使用的绘图命令是:直线、圆弧(圆)、矩形,编辑命令是:复制、移动、阵列、修剪等。

以上只是一个简单的分析和准备工作,也是绘图之前必须做的工作。

图 3-2 样板图中的层

3.1.2 绘图准备

1. 新建文件

点击下拉菜单"文件" ➤ "新建",使用系统标准样板图或自制的样板图,如图 2-7 所示。

2. 定义单位

点击下拉菜单"格式" ➤ "单位",在图形单位对话框中将精度定为整数,单位选择 mm,如图 1-7 所示。

3. 定义文字样式

点击下拉菜单"格式" ➤ "文字样式",如图 2-13 所示,检查并设置需要的文字样式。

4. 定义标注样式

点击下拉菜单"格式" ➤ "标注样式",如图 3-3 所示。单击"新建"按钮创建一个新的标注样式。单击继续后再点击"修改"按钮,修改新的标注样式,如图 3-4 所示。点击"文字"标签,修改文字颜色,将"文字对齐方式"改为"ISO"标准,其他内容可以暂时不改变。

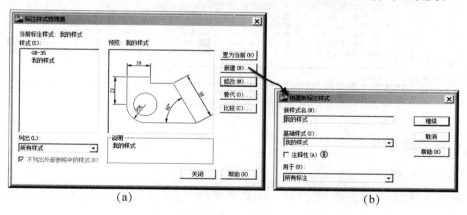

图 3-3 标注样式管理器

(a)标注样式管理器;(b)创建新的标注样式

5. 建立工作图层

点击下拉菜单"格式" ➤ "图层",打开图层特性管理器,新建 4 个图层,如图 3-5 所示。中心线使用红色,尺寸标注使用蓝色,按照表 2-1 所列选择相应的线型。

此时可将该文件以 ＊.dwt 格式另存为自己的样板图文件,绘制同类图纸时可直接载入,省略以上 5 个步骤。

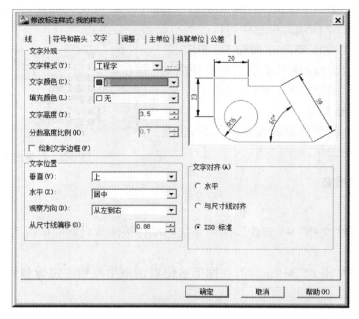

图 3-4　修改当前的标注样式

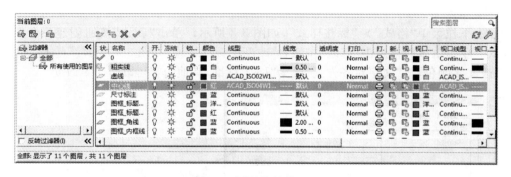

图 3-5　图层特性管理器

3.1.3　绘图操作

1. 绘制定位部分

换到粗实线层,点击画圆命令以(0,0)点为圆心,绘制一个半径为 15 的圆,选择命令后的命令行:

命令:_circle 指定圆的圆心或[三点(3P)/两点(2P)/切点、切点、半径(T)]:0,0
　　　　　　　　　　　　　　　　　　　　　　　　　　　　　　　　　　（键盘输入）

指定圆的半径或[直径(D)]<15> :15　　　　　　　　　　　　　　　　　　（键盘输入）

输入 0,0 表示将圆心定在了用户坐标系的原点,如果看不到所绘对象,键入 Z 执行缩放命令:

命令:z ZOOM

指定窗口的角点,输入比例因子(nX 或 nXP),或者

〔全部 (A) /中心 (C) /动态 (D) /范围 (E) /上一个 (P) /比例 (S) /窗口 (W) /对象 (O)〕< 实时> :e

输入 e 表示得到所有对象的最大显示；

点击画矩形命令，因为已知圆心位于 (0，0)，则矩形的左下角应为 (-3，-20)，右上角为 (3，20)，用键盘直接输入数据：

命令：_rectang　　　　　　　　　　　　　　　　　　　　　　　　　（绘制矩形 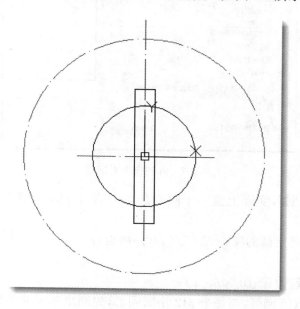 ）

指定第一个角点或〔倒角 (C) /标高 (E) /圆角 (F) /厚度 (T) /宽度 (W)〕:-3，-20

（键盘输入）

指定另一个角点或〔面积 (A) /尺寸 (D) /旋转 (R)〕:3，20　　　　　　　　　　（键盘输入）

2. 绘制定位线

将当前层切换到中心线层，用画圆命令绘制 φ70(半径为 35)的定位圆，利用捕捉功能找到圆心：

命令：_circle 指定圆的圆心或〔三点 (3P) /两点 (2P) /切点、切点、半径 (T)〕:

（鼠标拾取）

指定圆的半径或〔直径 (D)〕<15> :35　　　　　　　　　　　　　　　　（键盘输入）

需要补上圆心的定位线，可以利用鼠标的捕捉功能与键盘输入坐标数据相结合操作，但一定要保证水平线和竖直线的交点通过圆心(坐标原点)，如图 3-6 所示，命令行内容如下：

图 3-6　定位

命令：_line 指定第一点：　　　　　　　　　　　　　　　　　　　（鼠标拾取）

指定下一点或〔放弃 (U)〕：　　　　　　　　　　　　　　　　　　　（鼠标拾取）

指定下一点或〔放弃 (U)〕：　　　　　　　　　　　　　　　　　　　（鼠标确定）

命令：_line 指定第一点：　　　　　　　　　　　　　　　　　　　（鼠标拾取）

指定下一点或〔放弃 (U)〕：　　　　　　　　　　　　　　　　　　　（鼠标拾取）

指定下一点或[放弃(U)]:　　　　　　　　　　　　　　　　　　　　　　　（鼠标确定）

3. 绘制其余部分

换到粗实线层,以竖直中心线与 $\phi70$ 圆的上交点为圆心,绘制 $\phi12$ 小圆:

命令:_circle 指定圆的圆心或[三点(3P)/两点(2P)/切点、切点、半径(T)]:

　　　　　　　　　　　　　　　　　　　　　　　　　　　　　　　（鼠标拾取圆心）

指定圆的半径或[直径(D)]<35>:6　　　　　　　　　　　　　　　　　（键盘输入）

利用阵列命令产生其余 4 个,阵列是 CAD 中的另一种复制方法,可以在矩形或环形(圆形)阵列中创建对象的副本。这个命令是以对话框的形式操作的,如图 3-7 所示。选择环形阵列,单击选择阵列对象,单击拾取中心点,输入阵列项目总数 5,填充角度 360°,本例阵列的对象是圆,可以忽略"复制时旋转项目"。

命令:_array　　　　　　　　　　　　　　　　　　　　　　　　　（阵列命令）

选择对象:找到 1 个　　　　　　　　　　　　　　　　　　　　　　（点选 $\phi12$ 圆）

选择对象:　　　　　　　　　　　　　　　　　　　　　　　　　　　　（确定）

指定阵列中心点:拾取或按 Esc 键返回到对话框或<单击鼠标右键接受阵列>:

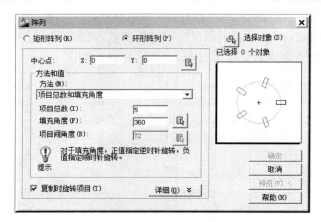

图 3-7　阵列命令对话框

绘制半径 R43 圆弧,实际上是一个圆心(0,0)、直径 $\phi86$ 整圆上的 5 段圆弧,先画出整圆:

命令:_circle 指定圆的圆心或[三点(3P)/两点(2P)/切点、切点、半径(T)]:

　　　　　　　　　　　　　　　　　　　　　　　　　　　　　　　　（鼠标拾取）

指定圆的半径或[直径(D)]<6>:43　　　　　　　　　　　　　　　　（键盘输入）

绘制 5 个半径 R15 圆弧,与每个 $\phi12$ 小圆同心,先画出整圆并阵列处理,方法同上,当然也可以与 $\phi12$ 小圆一起进行阵列,甚至应该将从几何中心通过小圆圆心的点画线也要参加阵列。

图 3-8(a)为以上步骤绘制的结果,为了操作的简单快捷,显然有一些是多余的内容,图中圈画的部分应该去掉,这时应该使用"修剪"命令进行处理。

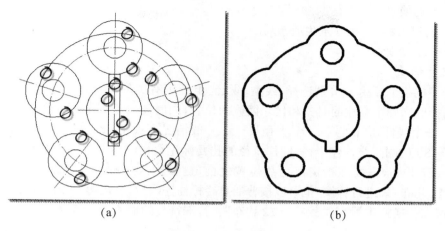

(a)　　　　　　　　　　　　(b)

图 3-8　修剪命令的过程

(a)圈画部分为待修剪线段;(b)修剪结果

为了操作顺利暂时关闭中心线层,单击修剪命令▣:

命令:_trim　　　　　　　　　　　　　　　　　　　　　　　　(修剪命令▣)

当前设置:投影= UCS,边= 无

选择剪切边...　　　　　　　　　　　　　　　　　　　(用鼠标框选所有对象)

选择对象或< 全部选择>:指定对角点:找到 15 个

选择对象:　　　　　　　　　　　　　　　　　　　　　　　　(鼠标确定)

选择要修剪的对象,或按住 Shift 键选择要延伸的对象,或[栏选(F)/窗交(C)/投影
(P)/边(E)/删除(R)/放弃(U)]:　　　　　　　(用鼠标依次拾取被圈画的线段)

修剪命令▣是一个很好的图形编辑工具,还有一个叫做"延伸"的命令▣,这两个命令
可以说是异曲同工,可以通过缩短或拉长,使对象与其他对象的边相接。这意味着可以先创
建对象(例如直线),然后调整该对象,使其恰好位于其他对象之间。选择的剪切边或边界边
无需与修剪对象相交,可以将对象修剪或延伸至投影边或延长线交点,即对象延长后相交的
地方。如果未指定边界并在"选择对象"提示下按 Enter 键,显示的所有对象都将成为可能
边界。如果是修剪命令,在选择对象时按住 Shift 键完成延伸,如果是延伸命令,在选择对
象时按住 Shift 键完成修剪。

3.1.4　标注操作

一张图纸有了正确的尺寸标注才有意义。各行各业都有自己的标准,可以参考《技术制
图　简化表示法　第 2 部分:尺寸注法》(GB/T 16675.2—2012)的规定内容。一般习惯为
在模型空间中对图形直接标注尺寸,按规范要求应该将尺寸标注在布局空间,这样可以保证
图纸输出比例的一致性。

1. 标注尺寸前的准备

将屏幕切换到布局空间,激活状态栏中的模型状态,利用缩放功能将所绘制的图形调整
到适当的位置,并保证留有标注尺寸的空间,如图 3-1 所示。

使当前处于布局空间的图纸状态,将尺寸标注层置为当前:

命令:＜切换到:GbA3 标题栏＞

恢复缓存的视口- 正在重生成布局。

命令:_.PSPACE

2. 尺寸标注

　　点击下拉菜单标注 ➤ 分别选择:线型、直径、半径等有关的命令进行标注,标注时主要靠鼠标的拾取来确定标注的对象和尺寸摆放的位置,同时还要使用屏幕的实时缩放。本图需要标注:2 个线性、2 个半径、3 个直径尺寸。一般情况下大于 180°的圆弧应标注直径 ϕ,小于等于 180°的圆弧应标注半径,同样直径的孔要标注数量($n\times\phi$)。如本图有一个特殊的尺寸:2×ϕ12 均布,需要在指定尺寸线位置之前,键盘输入字母"t",然后在命令行输入:"5X％％ c12 均布"来进行替换,也可以按普通直径标注完成后,右键单击该尺寸,进入特性管理器,直接在替换栏中填写:"5X％％ c12 均布"。特殊符号的输入请参考附录三。

命令:_dimlinear （线性标注■）

指定第一个延伸线原点或＜选择对象＞:

指定第二条延伸线原点:

指定尺寸线位置或［多行文字(M)/文字(T)/角度(A)/水平(H)/垂直(V)/旋转(R)］:

标注文字=40

命令:_dimlinear （线性标注■）

指定第一个延伸线原点或＜选择对象＞:

指定第二条延伸线原点:

指定尺寸线位置或［多行文字(M)/文字(T)/角度(A)/水平(H)/垂直(V)/旋转(R)］:

标注文字=6

命令:_dimdiameter （直径标注◎）

选择圆弧或圆:

标注文字= 30

指定尺寸线位置或［多行文字(M)/文字(T)/角度(A)］:

命令:_dimradius （半径标注◎）

选择圆弧或圆:

标注文字=43

指定尺寸线位置或［多行文字(M)/文字(T)/角度(A)］:

命令:_dimdiameter （直径标注◎）

选择圆弧或圆:

标注文字=70

指定尺寸线位置或［多行文字(M)/文字(T)/角度(A)］:

命令:DIMDIAMETER （直径标注◎）

选择圆弧或圆:

标注文字=12

指定尺寸线位置或[多行文字(M)/文字(T)/角度(A)]:t(输入替换文字)

输入标注文字<12> :5X%%c12均布

指定尺寸线位置或[多行文字(M)/文字(T)/角度(A)]:

命令:_dimradius　　　　　　　　　　　　　　　　　　　　　（半径标注 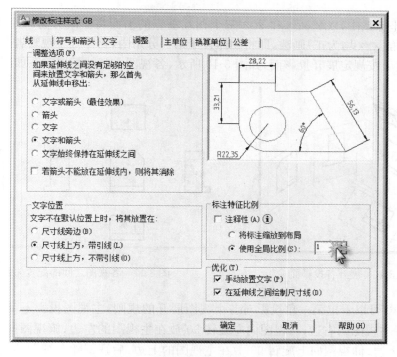）

选择圆弧或圆:

标注文字=15

指定尺寸线位置或[多行文字(M)/文字(T)/角度(A)]:

在标注过程中,如果尺寸线箭头或尺寸数字的大小不合适,不要单独去改变箭头或文字的大小,最好对标注样式的全局比例进行调整。打开文字样式对话框,选择要修改的样式后单击修改按钮 修改(M)... ,进入修改标注样式对话框,单击"调整"标签,如图 3-9 所示,改变全局比例栏内的数字后确定,退出后即可见到效果。

图 3-9　调整标注样式的全局比例

3.2　三视图的绘制

3.2.1　三视图原理

三视图是根据(GB/T 18229—2000)国标规定的工程图投影方法绘制的基本视图,采用的是平行投影的正投影。CAD 工程图中表示一个物体可有六个基本投影方向,相应的六个基本的投影平面分别垂直于六个基本投影方向,通过投影所得到视图及名称见表 3-1,物体在基本投影面上的投影称为基本视图。

表 3-1 投影方向和视图名称

图示	方向代号	投影方向	视图名称
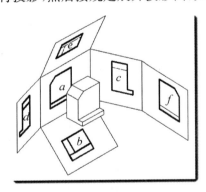	A	自前方投影	主视图或正立面图
	B	自上方投影	俯视图或平面图
	C	自左方投影	左视图或左侧立面图
	D	自右方投影	右视图或右侧立面图
	E	自下方投影	仰视图或底面图
	F	自后方投影	后视图或背立面图

在三维坐标系中,XOY、XOZ 和 YOZ 三个相互垂直的平面将空间分为八个象角,我国采用的是第一角(XYZ 均为正)画法,即将物体置于第一分角内,物体处于观察者与投影面之间进行投影,然后按规定展开投影面,如图 3-10 所示,各视图之间的配置关系如图 3-11 所示。

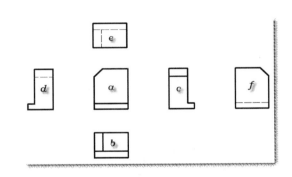

图 3-10 展开各投影面　　　图 3-11 各视图之间的配置关系

从图 3-10 可以看出第一角投影对各个视图展开的规则:主视图投影不动,左视图向右旋转 90°放在主视图的右边,右视图向左旋转 90°放在主视图的左边,俯视图向下旋转 90°放在主视图的下边,仰视图向上旋转 90°放在主视图的上边,后视图随左视图旋转后在旋转一个 90°放在最右边,最后形成立体零件在二维图纸上的基本表达方式,俗称"三视图"。

三视图要讲究三等关系:"高平齐"、"长对正"、"宽相等",说的是绘图时 6 个视图的比例是一致的,除了后视图在有标注的情况下可以改变位置外,其他 5 个视图的方位是固定不变的,这是为了不至于造成混淆,而且重要的是通过对应的投影关系可以判定物体空间的几何形状。

但是在实际工作中,不是将所表达物体的六个视图都绘制出来,而是根据需要选择关键的、能够充分表达结构特点的视图,由物体结构的复杂程度来决定视图的个数。

AutoCAD 系统的视图展示功能是很强大的,因为它是一个真正的三维系统。其有一个专用的工具条,如图 3-12 所示,以及一个视图管理器,如图 3-13 所示。

图 3-12 视图工具

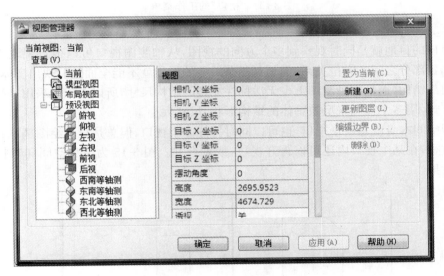

图 3-13 视图管理器

"命名视图"就是打开"视图管理器"对话框,AutoCAD 除了预设了 6 个基本视图外,还有 4 个等轴测视图。快速设定视图的方法是选择预定义的三维视图,可以根据名称或说明选择预定义的标准正投影视图和等轴测视图。这些视图代表常用选项:俯视、仰视、主视、左视、右视和后视。此外,可以从以下等轴测选项设定视图:SW(西南)等轴测、SE(东南)等轴测、NE(东北)等轴测和 NW(西北)等轴测。要理解等轴测视图的表现方式,请想象正在俯视盒子的顶部,如果朝盒子的左下角移动,可以从西南等轴测视图观察盒子,如果朝盒子的右上角移动,可以从东北等轴测视图观察盒子。

3.2.2 三视图设置

如果希望在模型空间或在布局空间看到三视图的绘图效果,如图 3-11 所示,必须用"视口"命令解决。打开视口的具体命令是:点击下拉菜单"格式"➤"视图"➤"视口",可以从视口命令菜单中选择需要的方式,如图 3-14 所示。灰色的命令是不可执行的,说明模型空间和布局空间在打开视口的方式上是不完全一样的,布局空间的方式多一些,但是不可以合并。

(a)   (b)

图 3-14   "视口"的工作菜单

(a)模型状态;(b)布局状态

多视口的目地就是同时观察到多个方向的视图,从轴测图视口可以很直观地了解实体的形状和各部分之间的方位关系,但是对复杂一些的形体就不能全面地反映出实体的结构,特别是内部结构,而且在轴测图上也无法标注完整的结构尺寸,所以工程上采用平行投影的正投影方式,用多个视图来反映物体的结构形状、尺寸大小。

模型空间本身就是一个视口,也可以同时打开多个视口,但总是充满绘图区域并且相互之间不重叠,在某个视口内还可以再开视口,或者合并。图 3-15 为模型空间同时打开 4 个视口的效果。

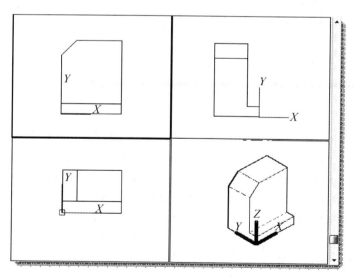

图 3-15   模型空间的多视口效果

不论有多少视口,只能有一个被激活为当前视口,在当前视口的操作,除缩放命令以外其他命令执行的结果,在所有视口中的变化是同步的。实际上每个视口相当于一个独立的小绘图区,有自己的坐标系,如需要显示其他视口的坐标系,应将该视口的系统变量 UCS-VP 的值改变为 0,显示器的坐标系就是当前被激活视口的坐标系。进行三维实体造型的工作,在单一视口中设置不同的坐标系是非常有用的。

在布局空间也可以开多个视口,可以是多边形视口,也可以由一个封闭的多边形对象转换成视口。视口可以重叠,但不能在一个视口中再开视口,也不能合并视口。有了"布局空间"这个环境和市口的这些功能,AutoCAD 就可以用投影的方法将实体投影成平面图形,在下拉菜单➤"绘图"➤"建模"➤"设置"中有三个命令:

- "图形"_soldraw:在用 SOLVIEW 命令创建的布局视口中生成轮廓和截面;
- "视图"_solview:自动为三维实体创建正交视图、图层和布局视口;
- "轮廓"_solprof:创建三维实体的二维轮廓图,以显示在布局视口中。

这样就不用像手工绘图那样将各视图的投影一笔一笔画上去了。这三个命令只能在布局空间使用。

3.2.3　三视图绘制

这里用一个简单的组合体为例,说明三视图绘制的过程。图 3-16 所示内容虽然不是正式的工程图纸,但包含了工程图纸的基本内容。图中看到的是一个组合体的主视图、俯视图、左视图和绘制或加工所必需的几何尺寸。图中右下角的轴测图不是工程图纸要求的内容,在这里为辅助读者读图之用。

如果用 CAD 来完成这张工程图纸,不是在模型空间里画出那些直线和圆弧,标注出所示的尺寸,而是首先用建立模型的方法完成组合体的实体造型,利用设置轮廓命令生成所需视图的投影,在布局空间正确配置各视图的关系,并标注尺寸,最后显示为图 3-16 准备输出。具体步骤如下:

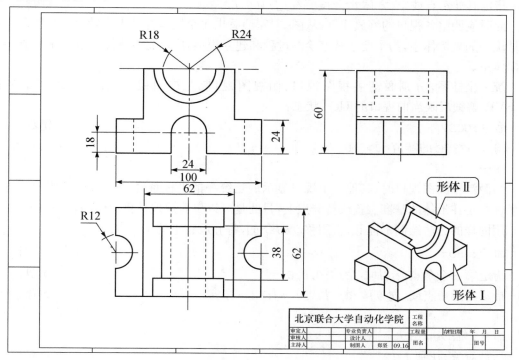

图 3-16　图形及尺寸标注

51

1. 分析

图中的组合体是由Ⅰ、Ⅱ两个长方体上下叠加组合而成,绘图之前必须将它们的几何结构、相对位置以及组合形式分析清楚,才能顺利完成实体造型的任务。通过分析可以列出表 3-2。

表 3-2　形体分析

编号	基本形状	基本大小	相对位置	挖切部分的位置	挖切形状	挖切有关尺寸
Ⅰ	长方体	100×62×24	底面作为基准面	下开槽、左右开槽	长方体、半圆柱	R12、R24、R18
Ⅱ	长方体	62×62×36	位于Ⅰ的正上方	上方开槽	半圆柱	R18、R24、R38

根据图形的内容需要新建的层为:实体、挖切、中心线、尺寸标注四个层,实体层和挖切层的颜色不要相同(棕色、褐红色),还要为视口专门建立一层。建立模型将要使用的绘图命令是:长方体、圆柱体,编辑命令是:复制、移动、差集、并集等。

2. 建立模型

为了便于观察形体的的三视图,可以将会图区分为 4 个视口,点击下拉菜单"格式"➤"视图"➤"视口"➤"新建视口",打开"视口"对话框,如图 2-11 所示。

激活轴测图视口,将"实体层"置为当前层,单击长方体命令绘制形体Ⅰ。需要输入两个顶点坐标,命令行显示如下:

命令:_box　　　　　　　　　　　　　　　　　　　　(绘制长方体)

指定第一个角点或[中心(C)]:0,0,0　　　　　　　　(键盘输入)

指定其他角点或[立方体(C)/长度(L)]:100,62,24　　(键盘输入)

此时应调整各视口的缩放比例,从图 3-17(a)看出每个视口都有坐标轴 XY,但各自独立不是统一的坐标体系,为了便于观察绘图过程和建立模型,应该将各视图(视口)统一成一个坐标体系。

统一坐标系,分别激活主视图视口、俯视图视口、左视图视口,键入系统变量名称 UCSVP,解锁反映当前视口的 UCS 状态:

命令:UCSVP　　　　　　　　　　　　　　　　　　　(键盘输入)

输入 UCSVP 的新值<1>:0　　　　　　　　　　　　(输入 0 解锁)

……

当激活轴测图视口时,其他三个视口显示的是统一的坐标系,如图 3-17(b)所示。将用户坐标系定在形体的基准位置或特殊点上,目的是可以更简捷地计算形体的相关数据。

用同样的方法绘制形体Ⅱ,再用移动命令,将Ⅱ放在Ⅰ的正上方。

命令:_box　　　　　　　　　　　　　　　　　　　　(绘制长方体)

指定第一个角点或[中心(C)]:0,0,0　　　　　　　　(键盘输入)

指定其他角点或[立方体(C)/长度(L)]:62,62,36　　(键盘输入)

命令:_move

选择对象:找到 1 个　　　　　　　　　　　　　　　(鼠标拾取Ⅱ)

选择对象:　　　　　　　　　　　　　　　　　　　　(确定)

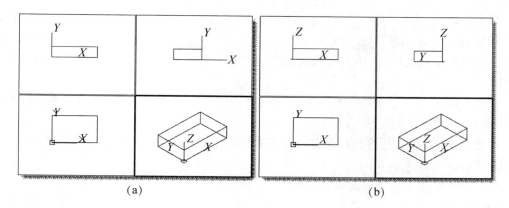

图 3-17 坐标系的显示

(a)锁定三视图坐标系;(b)解锁三视图坐标系

指定基点或[位移 (D)]<位移> : ……………………………………[鼠标拾取Ⅱ图 3-18(b)]

指定第二个点或<使用第一个点作为位移> : ……………………[鼠标拾取Ⅰ图 3-18(b)]

注意:状态栏的"对象捕捉"要处于打开状态,用鼠标右键点击"对象捕捉"按钮,可以设置对象捕捉模式。

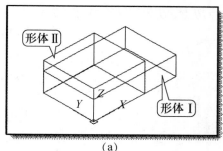
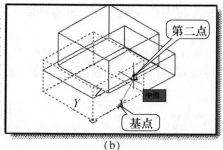

图 3-18 移动到正上方

(a)移动前位置;(b)用鼠标捕捉从中点到中点

将"挖切"层置为当前层,根据表 3-2 分析的数据,绘制各挖切形体:

命令:_cylinder ……………………………………(圆柱体◻,轴线平行于 Z)

指定底面的中心点或[三点 (3P)/两点 (2P)/切点、切点、半径 (T)/椭圆 (E)]:

（鼠标拾取中点）

指定底面半径或[直径 (D)]:12 ……………………………………（键盘输入）

指定高度或[两点 (2P)/轴端点 (A)]:26 ……………………………………（键盘输入）

CYLINDER ……………………………………(圆柱体◻,轴线平行于 Z)

指定底面的中心点或[三点 (3P)/两点 (2P)/切点、切点、半径 (T)/椭圆 (E)]:

（鼠标拾取中点）

指定底面半径或[直径 (D)]<12.0000> :12 ……………………………………（键盘输入）

指定高度或[两点 (2P)/轴端点 (A)]<26.0000> :26 ……………………………………（键盘输入）

命令：_box　　　　　　　　　　　　　　　　　　　　　　　　（长方体▣）

指定第一个角点或[中心(C)]：　　　　　　　　　　　　　　　（任意拾取一点）

指定其他角点或[立方体(C)/长度(L)]:@ 24,62,16　　　　　　　（键盘输入）

命令：_ucs　　　　　　　　　　　　　　　　　　　　　　　　（世界坐标系▣）

当前 UCS 名称：＊世界＊

指定 UCS 的原点或[面(F)/命名(NA)/对象(OB)/上一个(P)/视图(V)/世界(W)/X/Y/ Z/Z 轴(ZA)]＜世界＞：_w

命令：_ucs　　　　　　　　　　　　　　　　　　　　　　　　（用户坐标系▣）

当前 UCS 名称：＊没有名称＊

指定 UCS 的原点或[面(F)/命名(NA)/对象(OB)/上一个(P)/视图(V)/世界(W)/X/Y/ Z/Z 轴(ZA)]＜世界＞：_x

指定绕 X 轴的旋转角度＜90＞：　　　　　　　　　　　　　　（回车确定）

命令：_cylinder　　　　　　　　　　　　　　　　　　　　　（圆柱体▣）

指定底面的中心点或[三点(3P)/两点(2P)/切点、切点、半径(T)/椭圆(E)]：

　　　　　　　　　　　　　　　　　　　　　　　　　　　　　（拾取圆心）

指定底面半径或[直径(D)]＜12.0000＞：　　　　　　　　　　　（键盘输入）

指定高度或[两点(2P)/轴端点(A)]＜16.0000＞：　　　　　　　　（键盘输入）

命令：_move　　　　　　　　　　　　　　　　　　　　　　　（点击✥命令）

选择对象:找到 1 个　　　　　　　　　　　　　　　　　　　　（拾取对象）

选择对象:找到 1 个,总计 2 个　　　　　　　　　　　　　　　（拾取对象）

选择对象:　　　　　　　　　　　　　　　　　　　　　　　　（确定）

指定基点或[位移(D)]＜位移＞：　　　　　　　　　　　　　　（拾取基点）

指定第二个点或＜使用第一个点作为位移＞：　　　　　　　　（拾取目标点）

图 3-19(a)中的两个圆柱体很容易绘出,因为圆柱体的回转轴为 Z 轴,在绘制垂直于主视图的圆柱体时,需要变换坐标系,保证 Z 轴垂直于主视图,才可以直接绘出。如图 3-19(b)所示。形体Ⅱ的挖切的圆柱体也是垂直于主视图,只需要将用户坐标系的原点移动到圆心位置即可,也可以利用 Z 轴矢量命令▣也可以直接定位 Z 轴,如图 3-20所示。

命令：_ucs　　　　　　　　　　　　　　　　　　　　　　　　（确定新 Z 轴▣）

当前 UCS 名称：＊世界＊

指定 UCS 的原点或[面(F)/命名(NA)/对象(OB)/上一个(P)/视图(V)/世界(W)/X/Y/ Z/Z 轴(ZA)]＜世界＞：_zaxis

指定新原点或[对象(O)]＜0,0,0＞：　　　　　　　　　　　　　（鼠标拾取）

在正 Z 轴范围上指定点＜0.0000,0.0000,1.0000＞：　　　　　　（鼠标拾取）

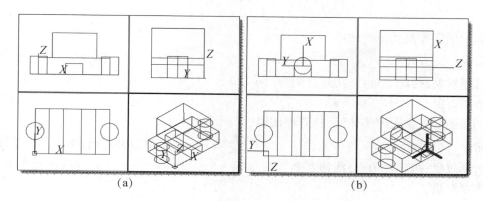

图 3-19　绘制形体Ⅰ的挖切部分

(a)世界坐标系；(b)用户坐标系

命令:_cylinder　　　　　　　　　　　　　　　　　　　　　　　（圆柱体▣）

指定底面的中心点或[三点(3P)/两点(2P)/切点、切点、半径(T)/椭圆(E)]:

指定底面半径或[直径(D)]<XXX>:24　　　　　　　　　　　（键盘输入）

指定高度或[两点(2P)/轴端点(A)]<62.0000>:12　　　　　（键盘输入）

命令:_cylinder　　　　　　　　　　　　　　　　　　　　　　　（圆柱体▣）

指定底面的中心点或[三点(3P)/两点(2P)/切点、切点、半径(T)/椭圆(E)]:

指定底面半径或[直径(D)]<24.0000>:18　　　　　　　　　（键盘输入）

指定高度或[两点(2P)/轴端点(A)]<12.0000>:38　　　　　（键盘输入）

命令:CYLINDER　　　　　　　　　　　　　　　　　　　　　　　（圆柱体▣）

指定底面的中心点或[三点(3P)/两点(2P)/切点、切点、半径(T)/椭圆(E)]:

指定底面半径或[直径(D)]<18.0000>:24　　　　　　　　　（键盘输入）

指定高度或[两点(2P)/轴端点(A)]<38.0000>:12　　　　　（键盘输入）

图 3-20 是按照形体分析表生成的所有实体,挖切部分可以认为是负实体。用 Auto-CAD 的布尔运算命令,合集▣、差集▣可以得到最后的
结果。

将实体部分和挖切部分分别合集▣,如图 3-21 所示。

命令:_vports　　　　　　　　（恢复单一视口▣）

输入选项[保存(S)/恢复(R)/删除(D)/合并(J)/单一(SI)/?/2/3/4]<3>:_si

命令:_vscurrent　　　　　　　　（▣二维线框显示）

输入选项[二维线框(2)/线框(W)/隐藏(H)/真实(R)/概念(C)/着色(S)/带边缘着色(E)/灰度(G)/勾画(SK)/X 射线(X)/其他(O)]<隐藏>:_2 正在重生成模

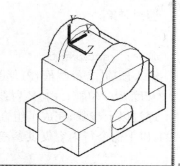

图 3-20　基本形体及挖切部分

型。

利用图层控制关闭挖切层：

命令：_union （实体合集为1个整体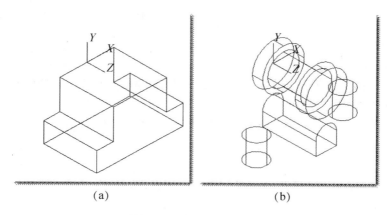）

选择对象：指定对角点：找到2个 （框选到2个对象）

选择对象： （鼠标确定）

利用图层控制关闭实体层，打开挖切层：

命令：_union （挖切部分合集为1个整体）

选择对象：指定对角点：找到7个 （框选到7个对象）

选择对象： （鼠标确定）

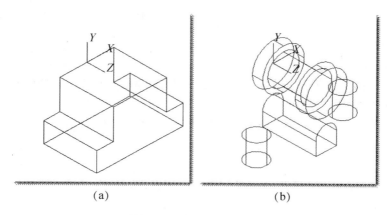

(a) (b)

图 3-21　将同类对象合集

(a)实体原型合集；(b)挖切部分合集

利用差集命令，实体原型减去挖切部分，将"实体"层和"挖切"层同时打开：

命令：_subtract 选择要从中减去的实体、曲面和面域...

选择对象：找到1个 （拾取实体）

选择对象： （鼠标确定）

选择要减去的实体、曲面和面域...

选择对象：找到1个 （拾取挖切）

选择对象： （鼠标确定）

命令：_vscurrent （三维消隐）

输入选项[二维线框(2)/线框(W)/隐藏(H)/真实(R)/概念(C)/着色(S)/带边缘着色(E)/灰度(G)/勾画(SK)/X射线(X)/其他(O)]<二维线框>：_H

通过以上步骤，完成了组合体的实体模型，如图 3-23 所示。但是操作过程不应该是唯一的，以上命令行内容仅供参考。完成布局空间的三视图还需要继续。

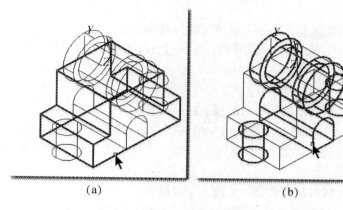

图 3-22　差集命令

(a)鼠标拾取从中减去的实体；(b)鼠标拾取减去的实体

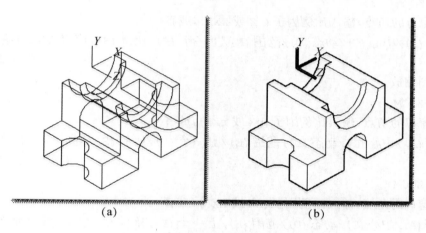

图 3-23　视觉样式

(a)二维线框；(b)三维消隐

　　点击标签进入布局空间。第2章讲述了样板图的有关知识，在这里不再重复，请插入自己的样板图。

　　调整各视口的显示比例，要求是各平面投影的缩放比例相等，而且满足三视图的投影规律，图纸布局均匀，视图之间留有标注尺寸的空间。调整的方法是：

　　• 先对某一个视口将对象充满整个视口；

　　• 用比例因子＝1缩放显示，如果对象很小则放大比例，如果很大则缩小比例，直到合适为止；

　　• 对其他视口将对象充满整个视口，用上一步得到的合适的比例因子进行缩放。

主视图缩放：

命令:z ZOOM　　　　　　　　　　　　　　　　　　　　　　　　　　　　（键盘输入）

指定窗口的角点,输入比例因子(nX 或 nXP),或者

[全部(A)/中心(C)/动态(D)/范围(E)/上一个(P)/比例(S)/窗口(W)/对象(O)]<实时> :e

　　　　　　　　　　　　　　　　　　　　　　　　　　　　（键盘输入 e 充满视口）

命令:ZOOM （重复命令）

指定窗口的角点,输入比例因子(nX 或 nXP),或者

[全部(A)/中心(C)/动态(D)/范围(E)/上一个(P)/比例(S)/窗口(W)/对象(O)]<实时>:1 （输入 1,太小）

命令:ZOOM （重复命令）

指定窗口的角点,输入比例因子(nX 或 nXP),或者

[全部(A)/中心(C)/动态(D)/范围(E)/上一个(P)/比例(S)/窗口(W)/对象(O)]<实时>:2 （输入 2,还不够大）

命令:ZOOM （重复命令）

指定窗口的角点,输入比例因子(nX 或 nXP),或者

[全部(A)/中心(C)/动态(D)/范围(E)/上一个(P)/比例(S)/窗口(W)/对象(O)]<实时>:3 （输入 3,再小一点）

命令:ZOOM （重复命令）

指定窗口的角点,输入比例因子(nX 或 nXP),或者

[全部(A)/中心(C)/动态(D)/范围(E)/上一个(P)/比例(S)/窗口(W)/对象(O)]<实时>:2.5 （输入 2.5,合适）

俯视图缩放

命令:ZOOM （重复命令）

指定窗口的角点,输入比例因子(nX 或 nXP),或者

[全部(A)/中心(C)/动态(D)/范围(E)/上一个(P)/比例(S)/窗口(W)/对象(O)]<实时>:e （键盘输入 e 充满视口）

命令:ZOOM （重复命令）

指定窗口的角点,输入比例因子(nX 或 nXP),或者

[全部(A)/中心(C)/动态(D)/范围(E)/上一个(P)/比例(S)/窗口(W)/对象(O)]<实时>:2.5 （输入从主视图得到的比例因子）

左视图缩放操作与俯视图相同。

轴测图是一个辅助视图,不用统一缩放比例,如果不需要可以直接删除该视口。如果保留应该将其改为多边形视口。

命令:_.PSPACE

命令:_.erase 找到 1 个

命令:_- vports （创建视口）

指定视口的角点或[开(ON)/关(OFF)/布满(F)/着色打印(S)/锁定(L)/对象(O)/多边形(P)/恢复(R)/图层(LA)/2/3/4]

<布满>:_p （多边形）

指定起点: （鼠标拾取第 1 点）

指定下一个点或[圆弧(A)/长度(L)/放弃(U)]: （鼠标拾取第 2 点）

指定下一个点或[圆弧(A)/闭合(C)/长度(L)/放弃(U)]: （鼠标拾取第 3 点）

指定下一个点或[圆弧(A)/闭合(C)/长度(L)/放弃(U)]: （鼠标拾取第 4 点）

指定下一个点或［圆弧(A)/闭合(C)/长度(L)/放弃(U)］：　　　　　　　　　（鼠标拾取第 5 点）

指定下一个点或［圆弧(A)/闭合(C)/长度(L)/放弃(U)］：　　　　　　　　　（鼠标拾取第 6 点）

指定下一个点或［圆弧(A)/闭合(C)/长度(L)/放弃(U)］：　　　　　　　　　（鼠标拾取第 7 点）

指定下一个点或［圆弧(A)/闭合(C)/长度(L)/放弃(U)］：　　　　　　　　　（鼠标确定）

正在重生成模型。

命令：_.MSPACE　　　　　　　　　　　　　　　　　　　　　　　　　（激活轴测图视口）

比例调整完成，如图 3-24 所示。图 3-24 中各视口的视觉样式选用的是"三维线框"模式，所以用户坐标系可以直接反映它的位置，轴测视口改成了多边形，与标题栏重叠部分以标题栏为主。

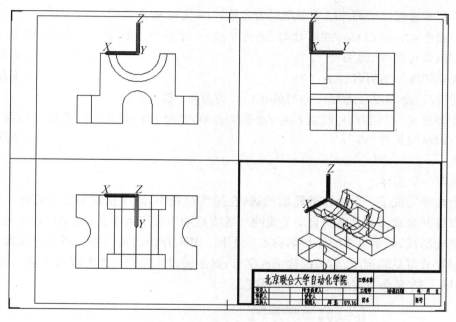

图 3-24　布局中的三视图视口

生成视图的平面投影。用下拉菜单"绘图"➤"建模"➤"设置"➤"轮廓"_solprof 命令创建三维实体的二维轮廓图。以主视图为例，命令行内容如下：

命令：_solprof

选择对象:找到 1 个　　　　　　　　　　　　　　　　　　（鼠标在视口中拾取实体确定）

选择对象：　　　　　　　　　　　　　　　　　　　　　　　　　　　　（确定）

是否在单独的图层中显示隐藏的轮廓线？［是(Y)/否(N)］<是> ：　　　　　　（确定）

是否将轮廓线投影到平面？［是(Y)/否(N)］<是> ：　　　　　　　　　　　　（确定）

是否删除相切的边？［是(Y)/否(N)］<是> ：　　　　　　　　　　　　　　（确定）

_.VPLAYER 输入选项

［?/颜色(C)/线型(L)/线宽(LW)/透明度(TR)/冻结(F)/解冻(T)/重置(R)/新建冻结(N)/视口默认可见性(V)］：_N　　　　　　　　　　　　　　　　　　　　　（系统自动）

输入在所有视口中都冻结的新图层的名称:PV- 280 输入选项

　　［? /颜色 (C) /线型 (L) /线宽 (LW) /透明度 (TR) /冻结 (F) /解冻 (T) /重置 (R) /新建冻结
(N) /视口默认可见性 (V)］:_T　　　　　　　　　　　　　　　　　　　　　（系统自动）

　　输入要解冻的图层名:PV- 280　　　　　　　　　　　　　　　　　　　（系统自动）

　　指定视口［全部 (A) /选择 (S) /当前 (C)］< 当前> : 输入选项

　　［? /颜色 (C) /线型 (L) /线宽 (LW) /透明度 (TR) /冻结 (F) /解冻 (T) /重置 (R) /新建冻结
(N) /视口默认可见性 (V)］:　　　　　　　　　　　　　　　　　　　　　（系统自动）

　　命令:_.VPLAYER 输入选项

　　［? /颜色 (C) /线型 (L) /线宽 (LW) /透明度 (TR) /冻结 (F) /解冻 (T) /重置 (R) /新建冻结
(N) /视口默认可见性 (V)］:_NEW　　　　　　　　　　　　　　　　　　（系统自动）

　　输入在所有视口中都冻结的新图层的名称:PH- 175 输入选项

　　［? /颜色 (C) /线型 (L) /线宽 (LW) /透明度 (TR) /冻结 (F) /解冻 (T) /重置 (R) /新建冻结
(N) /视口默认可见性 (V)］:_T　　　　　　　　　　　　　　　　　　　　（系统自动）

　　输入要解冻的图层名:PH- 175　　　　　　　　　　　　　　　　　　　（系统自动）

　　指定视口［全部 (A) /选择 (S) /当前 (C)］< 当前> : 输入选项

　　［? /颜色 (C) /线型 (L) /线宽 (LW) /透明度 (TR) /冻结 (F) /解冻 (T) /重置 (R) /新建冻结
(N) /视口默认可见性 (V)］:　　　　　　　　　　　　　　　　　　　　　（系统自动）

　　命令:

　　已选定一个实体。

　　以上命令完成了一个视口的轮廓投影,在操作过程中,除了拾取对象和连续 4 个回车
(确定)以外其余动作都是系统自动完成的。系统自动生成了两个层,分别存放可见轮廓线
和不可见轮廓线,只是生成的图层名称有所不同。PH 开始的图层存放不可见元素,PV 开
始的图层存放可见轮廓线、后边的数字或字母,其余视口的操作与之类似,4 个视口共生成 8
个图层,图 3-25 是命令完成之后的图层状态。

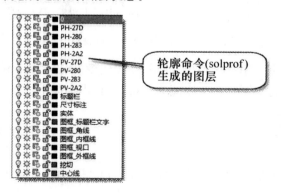

图 3-25　"轮廓"_solprof 命令完成后的图层状态

　　从图层状态的不同可以看出:每个视口都只显示一对 PH、PV 图层,对其余 PH、PV 图
层均为视口冻结状态,而且对新视口都是处于冻结状态。这就满足了一个视口只显示一个
视图的要求。此时在模型空间看到的是杂乱无章的现象,因为模型空间没有视口冻结功能。

　　从图 3-25 的规律可以归纳出表 3-3 视口图层信息。

表 3-3 视口图层信息

图层名称	存放内容	定义线型	定义显示线宽	定义输出线宽
PH-27D	左视图的不可见轮廓线	虚线 Dashed	0 或默认	忽略
PH-280	主视图的不可见轮廓线			
PH-283	俯视图的不可见轮廓线			
PH-2A2	轴测图的不可见轮廓线			
PV-27D	左视图的可见轮廓线	实线 Continuous	1.5	忽略
PV-280	主视图的可见轮廓线			
PV-283	俯视图的可见轮廓线			
PV-2A2	轴测图的可见轮廓线			

　　修改图层属性。根据工程图的要求，不需要显示立体，只显示平面投影，视口框也不需显示，所以要将实体层、视口层关闭，一般情况下挖切层已无内容，不用关闭，如有内容要关闭；轴测视口的不可见轮廓线层也需要关闭。如果线型显示不出来，可以用 Ltscale 命令进行调整。

　　如果不希望显示视口中的坐标系，点击下拉菜单"视图"▶"显示"▶"UCS 图标"▶"关闭"：

命令：_ucsicon

输入选项 [开 (ON) /关 (OFF) /全部 (A) /非原点 (N) /原点 (OR) /特性 (P)] < 开 > :_off

投影图完成结果如图 3-26 所示。

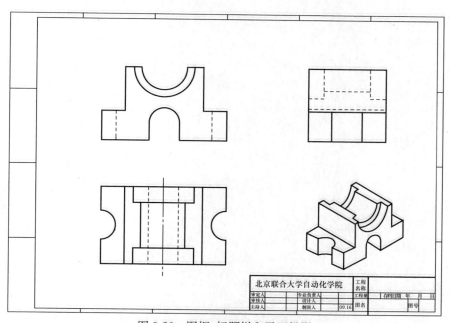

图 3-26 图框、标题栏和平面投影

尺寸标注是三视图的组成部分，参考 (GB/T 16675.2—2012) 按规范要求标注。

* 在布局空间图纸状态下，将中心线层置为当前，绘制中心线及定位线。
* 将尺寸标注层置为当前，参考"3.1.4 标注操作"的内容。

第 2 部分　专业图纸的绘制

　　本教材涉及的专业有建筑电气自动化、楼宇智能建筑、建筑环境与设备、电气工程与自动化等。这些专业都属于建筑智能化领域,建筑智能化涉及广泛,涵盖电气、安装、装修、弱电、计算机、软件等诸多学科,又属于建筑行业的一个边缘分支,我国建筑业普遍认同的定义为:智能建筑以建筑为平台,兼备通信、办公设备自动化,集系统结构、服务、管理及它们之间的最优化组合,提供一个高效、舒适、安全、便利的建筑环境。智能建筑是一个发展中的概念,它随着科学技术的进步和人们对其功能要求的变化而不断更新、补充内容。

　　建筑电气工程图是阐述建筑电气系统的工作原理,描述建筑电气产品的构成和功能,用来指导各种电气设备、电气线路的安装、运行、维护和管理的图纸。它是沟通电气设计人员、安装人员、操作人员的工程语言,是进行技术交流不可缺少的重要手段。要看懂建筑电气工程图,必须掌握有关电气图的基本知识,了解各种电气图形符号,了解电气图的构造、种类、特点以及在建筑工程中的作用,还要了解电气图的基本规定和常用术语,以及看图的基本步骤和方法。

　　一般工程图纸可分为三大类:建筑施工图、结构施工图和设备施工图。

　　● 建筑施工图(简称建施)主要表示建筑物的整体布局、外部造型、内部布置、细部构造、装饰装修和施工要求等。主要包括总平面图、建筑平面图、建筑立面图、建筑剖面图、建筑详图等。

　　● 结构施工图(简称结施)主要表示房屋的结构设计内容,如房屋承重构件的布置、构件的形状、大小、材料等。主要包括结构平面布置图、结构详图等。

　　● 设备施工图(简称建施)包括给排水、采暖通风、电器照明、消防、安防、通讯等各种施工图,其内容有个工种的平面布置、系统图样等。

　　由于专业的分工不同,本书主要介绍设备施工图中与电气有关的内容。

　　电气图是用各种电气符号、带注释的围框、简化的外形来表示的系统、设备、装置、元件等之间的相互关系的一种简图。识读电气图时,应了解电气图在不同的使用场合和表达不同的对象时,所采用的表达形式。GB 6988《电气制图》系列标准规定,电气图的表达形式分为四种。

　　1. 图:是用图示法的各种表达形式的统称,即用图的形式来表示信息的一种技术文件,包括用图形符号绘制的图(如各种简图)以及用其他图示法绘制的图(如各种表图)等。

　　2. 简图:是用图形符号、带注释的图框或简化外形表示系统或设备中各组成部分之间相互关系及其连接关系的一种图。在不致引起混淆时,简图可简称为图。简图是电气图的主要表达形式。电气图中的大多数图种,如系统图、电路图、逻辑图和接线图等都属于简图。

　　3. 表图:是表示两个或两个以上变量之间关系的一种图。在不致引起混淆时,表图也可简称为图。表图所表示的内容和方法都不同于简图。经常碰到的各种曲线图、时序图等都属于表图,之所以用"表图",而不用通用的"图表",是因为这种表达形式主要是图而不是表。国家标准把表图作为电气图的表达形式之一,也是为了与国际标准取得一致。

4. 表格:是把数据按纵横排列的一种表达形式,用以说明系统、成套装置或设备中各组成部分的相互关系或连接关系,或用以提供工作参数等。表格可简称为表,如设备元件表、接线表等。表格可以作为图的补充,也可以用来代替某些图。

第4章　建筑图样的绘制及标注

在工程项目中电气设备与建筑物是分不开的,因为照明、消防、安防、通信以及给排水等电气设备的安装离不开建筑平面图,所以对学习者来说必须了解建筑工程图纸的基本内容和基本画法,掌握读图、识图的基本方法,才能够正确地完成本专业工程图纸的设计与绘制工作。

建筑平面图是建筑施工图的基本样图,它是假想用一水平的剖切面沿门窗洞位置将房屋剖切后,对剖切面以下部分所作的水平投影图。它反映出房屋的平面形状、大小和布置;墙、柱的位置、尺寸和材料;门窗的类型和位置等。

对于多层建筑,一般应每层有一个单独的平面图。但一般建筑常常是中间几层平面布置完全相同,这时就可以省掉几个平面图,只用一个平面图表示,这种平面图称为标准层平面图。

在天正电气主菜单中专门设计了一个"▼ 建　筑 "子菜单,如图4-1所示。其是精简后的绘制建筑图样的常用工具,目的就是为了处理电气工程图中的相关建筑元素。

建筑平面图的主要元素有:

- 建筑物及其组成房间的名称、尺寸、定位轴线和墙壁厚等。
- 柱子、走廊、楼梯位置及尺寸。
- 门窗位置、尺寸及编号。门的代号是 M,窗的代号是 C。在代号后面写上编号,同一编号表示同一类型的门窗。如 M-1;C-1。
- 台阶、阳台、雨篷、散水的位置及细部尺寸。
- 室内地面的高度。

图 4-1　建筑子菜单

4.1　轴网和柱子

在绘制建筑平面图之前,首先画轴网。轴网是由两组到多组轴线与轴号、尺寸标注组成的平面网格,是建筑物单体平面布置和墙柱构件定位的依据。完整的轴网由轴线、轴号和尺寸标注三个相对独立的系统构成。轴网分直线轴网、斜交轴网和弧线轴网。

轴网是建筑制图的主体框架,建筑物的主要支承构件按照轴网定位排列,达到井然有序。

天正电气默认轴线的图层是"DOTE",颜色为红色,默认的线型是细实线,是为了绘图过程中方便捕捉,用户在出图前应该改为规范要求的点画线。

1.绘制轴网

直线轴网功能用于生成正交轴网、斜交轴网或单向轴网,点击天正电气菜单"建筑" ▶ "绘制轴网"命令打开"绘制轴网"对话框,在其中单击"直线轴网"标签,输入以下数据:

- 上开:3000　2700　2500　2700　1200　1800　1800　1200　2700　2500　2700　3000

- 下开：3300 3650 3650 3300 3300 3650 3650 3300
- 左进：900 3900 1200 900 3300 1700
- 右进：900 600 3300 2100 2600 700 1700

输入过程如图 4-2 所示。

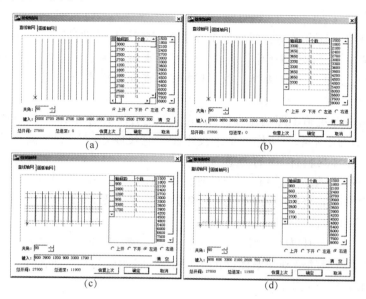

图 4-2 轴网数据输入
(a)上开数据；(b)下开数据；(c)左进数据；(d)右进数据

输入轴网数据方法：

（1）直接在"键入"栏内键入轴网数据，每个数据之间用空格或英文逗号隔开，输入完毕后回车生效。

（2）在右侧表格中键入"轴间距"和"个数"，常用值可直接点取右方数据栏或下拉列表的预设数据。

对话操作说明：

- "上开"——在轴网上方进行轴网标注的开间尺寸；
- "下开"——在轴网下方进行轴网标注的开间尺寸；
- "左进"——在轴网左侧进行轴网标注的进深尺寸；
- "右进"——在轴网右侧进行轴网标注的进深尺寸；
- "夹角"——输入开间与进深轴线之间的夹角数据，默认为夹角 90°的正交轴网；
- "清空"——把某一组开间或者某一组进深数据栏清空，保留其他组的数据；
- " 恢复上次 "——把上次绘制直线轴网的参数恢复到对话框中；
- " 确定 "——单击后开始绘制直线轴网并保存数据；
- " 取消 "——取消绘制轴网并放弃输入数据；
- "总开间"、"总进深"——显示的是横向和纵向的总长度；
- 鼠标右键表格中行首按钮，可以执行新建、插入、删除与复制数据行的操作，如图 4-3

所示。

在对话框中输入所有尺寸数据后,点击 ▢确定▢ 按钮,命令行显示:

命令:T83_TaxisGrid 　　　　　(执行绘制轴网命令)

点取位置或[转 90 度 (A)/左右翻 (S)/上下翻 (D)/对齐 (F)/改转角 (R)/改基点 (T)]< 退出> :0,0

此时可拖动基点插入轴网,直接点取轴网目标位置或按选项提示回应。以上确定为坐标原点(0,0),如图 4-4 所示。系统将轴网存放在"DOTE"图层,颜色为红色,线型为连续线,需要重新定义。

图 4-3　轴网数据的编辑

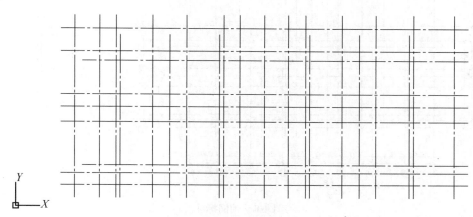

图 4-4　轴网

2. 轴网标注

轴网的标注包括轴号标注和尺寸标注,轴号可按规范要求用数字、大写字母、小写字母、双字母、双字母间隔连字符等方式标注,可适应各种复杂分区轴网。系统按照《房屋建筑制图统一标准》(GB/T 50001—2010)8.0.4 条的规定,字母 I、O、Z 不用于轴号,在排序时会自动跳过这些字母。

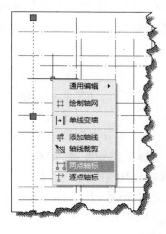

图 4-5　轴网的右键菜单

尽管轴网标注命令能一次完成轴号和尺寸的标注,但轴号和尺寸标注二者属独立存在的不同对象,不能联动编辑,用户修改轴网时应注意自行处理。

在天正电气环境下,选中轴网中的任意一根轴线,利用鼠标右键菜单(图 4-5)中的 ▢两点轴标▢ 命令可以一次完成对整个轴网轴号标注和轴间距的标注。

两点轴标命令执行过程的命令行内容如下:

命令:T83_TAxisDim2p 　　　　(执行 ▢两点轴标▢ 命令)

请选择起始轴线<退出> : 　　　(拾取最左边的轴)

请选择终止轴线<退出> : 　　　(拾取最右边的轴)

请选择不需要标注的轴线: 　　　　(无,回车确定)

请选择起始轴线<退出> : 　　　(拾取最上边的轴)

请选择终止轴线<退出> : 　　　(拾取最下边的轴)

请选择不需要标注的轴线：　　　　　　　　　　　　　　　　　　（无，回车确定）

请选择起始轴线<退出>：　　　　　　　　　　　　　　　　　　（结束，回车确定）

标注结果如图 4-6 所示。

"逐点轴标"命令只对单个轴线标注轴号，轴号独立生成，不与已经存在的轴号系统和尺寸系统发生关联。不适用于一般的平面图轴网，常用于立面与剖面、详图等个别单独的轴线标注。

系统将轴网标注的内容存放在"AXIS"图层。

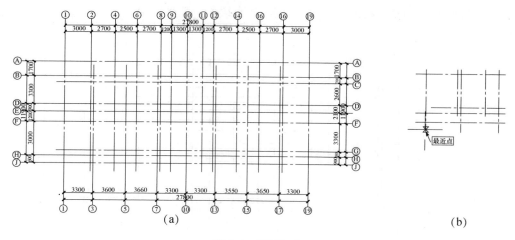

图 4-6　轴网标注

(a)标注结果；(b)拾取标注轴

从图 4-6 可以看出上开间距与下开间距不对应的轴，在绘制和标注的过程中都给予了特殊的处理。轴的长短不一致，轴号的赋予也不一样，这是符合建筑工程图纸要求的。

3. 轴网编辑

(1) 添加轴线

在"两点轴标"命令完成后，可以参考某一根已经存在的轴线，在其任意一侧添加一根新轴线，同时根据用户的选择赋予新的轴号，把新轴线和轴号一起融入到存在的参考轴号系统中。选中轴网中的任意一根轴线，单击右键菜单(图 4-5)中的 ⊞ 添加轴线 命令，对于直线轴网，添加一根附加轴，命令行显示如下：

命令：*T83_TInsAxis*　　　　　　　　　　　　　　　（⊞ 添加轴线 命令）

选择参考轴线<退出>：　　　　　　　　　　　　　　　（拾取相邻轴线）

新增轴线是否为附加轴线？［是(Y)/否(N)］<N>：Y　　（是附加轴线）

偏移方向<退出>：　　　　　　　　　　　　　　　　　　（点取要添加一侧）

距参考轴线的距离<退出>：1800　　　　　　　　　　　（输入已知距离，回车确定）

回应 Y，添加的轴线作为参考轴线的附加轴线，按规范要求标出附加轴号，如 1/1、2/1 等。回应 N，添加的轴线作为一根主轴线插入到指定的位置，标出主轴号，其后轴号自动重排。偏移方向在参考轴线两侧中，单击添加轴线的一侧。添加一根附加轴的过程如图 4-7 所示。

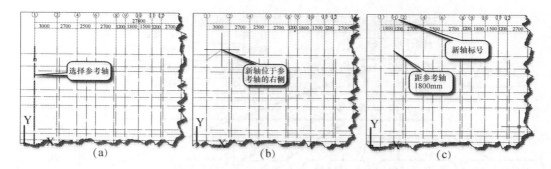

图 4-7　添加一根附加轴

(a)选择一根参考轴；(b)拾取新轴的方位；(c)添加成功

（2）轴线裁剪

单击右键菜单(图 4-5)中的 轴线裁剪 命令可根据设定的多边形与直线范围，裁剪多边形内的轴线或者直线某一侧的轴线。执行后命令行如下：

命令:*T83_TClipAxis*

矩形的第一个角点或[多边形裁剪(P)/轴线取齐(F)]<退出>：

另一个角点<退出>：

如果给出第一个角点，则系统默认为矩形剪裁，命令行继续提示：

另一个角点<退出>：选取另一角点后程序即按矩形区域剪裁轴线。

如果键入 P，则系统进入多边形剪裁，命令行提示：

多边形的第一点<退出>：选取多边形第一点

下一点或[回退(U)]<退出>：　　　　　　　　　　　　（选取第二点及下一点⋯⋯）

下一点或[回退(U)]<封闭>：（选取下一点或回车，命令自动封闭该多边形结束裁剪）

如果键入 F，则需要选一条线为界限，使轴线取齐，命令行提示：

命令:*T83_TCLIPAXIS*

矩形的第一个角点或[多边形裁剪(P)/轴线取齐(F)]<退出>：F

请输入裁剪线的起点或选择一裁剪线：　　　　　　　　　　　　（确定第一点）

请输入裁剪线的终点：　　　　　　　　　　　　　　　　　　（确定第二点）

请输入一点以确定裁剪的是哪一边：　　　　　　　　　　　　（点选裁去的部分）

4.2　柱子的绘制

柱子的作用是整个建筑物支撑、承重的主要构件。特别是高层建筑，柱子的数量以及安放的位置，都是经过设计计算得到的。

4.2.1　插入标准柱

在没有墙体的情况下，可以事先插入标准柱。点击天正电气主菜单" 建　筑 " ▶
" 标准柱 "打开"标准柱"对话框，如图 4-8 所示。

在对话框中可以用下拉列表的形式选择柱子的材料、形状和尺寸，异形柱只有"柱高"尺

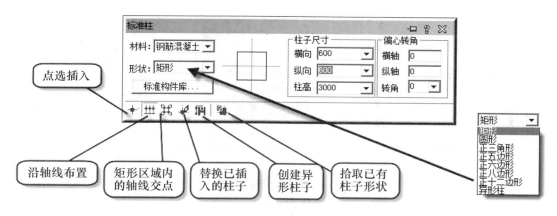

图 4-8 "标准柱"对话框

寸,异形柱的结构尺寸可以在构件库中选择,点击对话框"形状"下拉列表中的"异形柱"或

标准构件库... 按钮都可以打开"构件库"对话框,如图 4-9 所示。选中某一构件双击或点击

◻ 则返回"标准柱"对话框。

插入柱子的基本命令格式如下:

命令:*T83_TInsColu*

点取位置或[转 90 度 (A) /左右翻 (S) /上下翻 (D) /对齐 (F) /改转角 (R) /改基点 (T) /参考点 (G)]<退出> :

点取位置或[转 90 度 (A) /左右翻 (S) /上下翻 (D) /对齐 (F) /改转角 (R) /改基点 (T) /参考点 (G)]<退出> :*取消*

点取位置或[转 90 度 (A) /左右翻 (S) /上下翻 (D) /对齐 (F) /改转角 (R) /改基点 (T) /参考点 (G)]<退出> :

同一位置已经有其他柱子!

如果在布置柱子时,柱子与墙有接触,系统会自动处理,如果柱子之间有干扰则提示,则不能插入。但在使用"复制"、"镜像"等命令编辑时,可能会出现柱子重叠的现象,应及时删除。

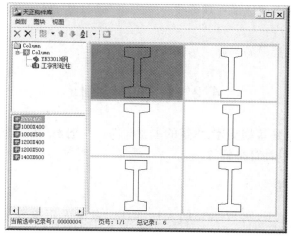

图 4-9 天正构件库

4.2.2　插入角柱

有墙体的情况下才可以插入角柱，角柱点击天正电气主菜单"▼ 建　筑" ►
"▐ 角柱"命令，系统要求用鼠标拾取一个墙体的拐角，然后打开"转角柱参数"对话框，如
图 4-10 所示。在对话框中可以修改系统读取到的参数，点击 确定 完成一个角柱的插入。

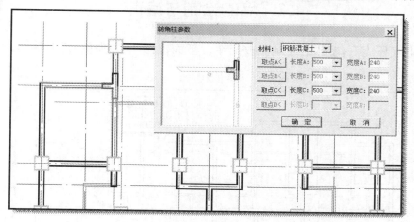

图 4-10　角柱的插入

系统将柱子存放在"COLUMN"图层内。

4.2.3　编辑柱子

在天正电气环境中，柱子的编辑功能比较简单。用鼠标左键
双击已经插入的柱子，或选中某一柱子后单击鼠标右键打开右键
快捷菜单，如图 4-11 所示。

可以对话框的形式修改柱子的高度和结构尺寸，如果要改变
柱子的类别需要构件库的支持。

图 4-11　柱子右键菜单

图 4-12 为关闭墙体层（WALL）只显示轴网和柱子的状态，
墙的外围布置角柱，内部布置的是标准柱。视觉样式为"概念"，仅供绘图参考。

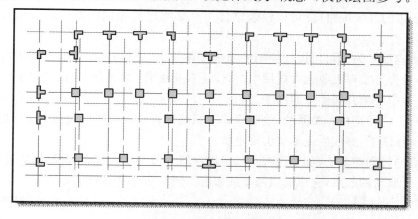

图 4-12　轴网、标准柱和角柱

命令:_vscurrent

输入选项[二维线框(2)/线框(W)/隐藏(H)/真实(R)/概念(C)/着色(S)/带边缘着色(E)/灰度(G)/勾画(SK)/X

射线(X)/其他(O)]<隐藏>:_C

4.3 墙的绘制与编辑

在天正电气环境下,墙体的绘制比较简单。下面以图 4-13 为例,说明墙体的绘制与编辑过程。

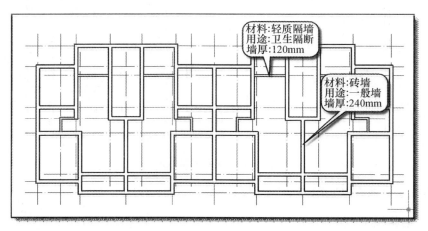

图 4-13 墙体绘制

图中轴网是 4.1 节创建的,墙体数据有两种,墙厚分别为 240mm 和 120mm,墙体结构左右对称,只需要绘制四分之一,可以用两次"镜像"⚠命令完成其余部分。

4.3.1 绘制墙体

点击天正电气主菜单"建筑"▶"绘制墙体",打开绘制墙体对话框,如图 4-14 所示。

首先在"材料"和"用途"两个下拉列表中选择相应的信息,在标准墙厚中选择数据,根据需要打开最下边的开关按钮,就可以绘制墙体了。如果已有相同的墙体,可以点击✐直接拾取墙体参数。

打开自动捕捉开关➕可以保证绘图的精确度和效率,模数开关Ⓜ与电气绘图的关系不大,建筑模数是为了实现工业化大规模生产,使建筑构配件、组合件具有一定的通用性和互换性,在建筑业中必须共同遵守的标准。

墙体和柱子之间是相互关联的,绘制墙体时系统会自动处理墙体与柱子相交的情况,即使关闭柱子所在图层,完成后也不会出现重叠。

绘制直墙的过程类似于绘制直线命令,可以一段一段连续完成,当两端墙体连接时自动停止,可以再拾取新的起点,完成时以回车或鼠标右键结束。命令行的基本提示如下:

命令:T83_TWall   (▭═绘制墙体▭命令)

起点或[参考点(R)]<退出>:<打开对象捕捉>   (鼠标拾取)

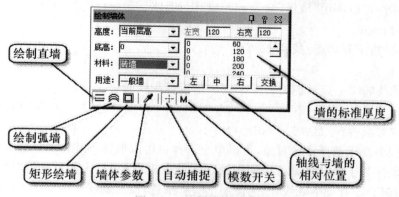

图 4-14　绘制墙体对话框

直墙下一点或［弧墙(A)/矩形画墙(R)/闭合(C)/回退(U)]< 另一段 >：　　　　（回车结束）
绘制弧墙命令的命令行提示：
命令：T83_TWall　　　　　　　　　　　　　　　　　　　　　　（一 绘制墙体 命令）
起点或［参考点(R)]<退出> :<打开对象捕捉>　　　　　　　　　　　　　（鼠标拾取）
弧墙终点或［直墙(L)/矩形画墙(R)]<取消>：　　　　　　　　　　　　　（鼠标拾取）
点取弧上任意点或［半径(R)]<取消>：　　　　　　　　（鼠标拾取或输入半径）
矩形绘墙命令的命令行提示：
命令：T83_TWall　　　　　　　　　　　　　　　　　　　　　　（一 绘制墙体 命令）
起点或［参考点(R)]<退出> :<打开对象捕捉>　　　　　　　　　　　　　（鼠标拾取）
另一个角点或［直墙(L)/弧墙(A)]<取消>：

　　三种方式在绘制墙体时是可以随时切换的，而且在绘制过程中随时可以改变"绘制墙体"对话框中的参数，如：墙体材料、用途以及墙的厚度等。

4.3.2　编辑墙体

　　用"绘制墙体"命令绘制的墙体实际是双线墙体，可以用 AutoCAD 命令进行编辑，如：删除、复制、移动、延伸、修剪等。图 4-15(a)显示完成了一部分墙体的绘制，如果绘制时忽略了墙体的厚度、材料等参数，可以用鼠标双击该段墙体，打开"墙体编辑"对话框，如图 4-15(b)所示。可以修改参数，并可选择是否增加保温层。完成修改后点击 确定 按钮退出对话框。

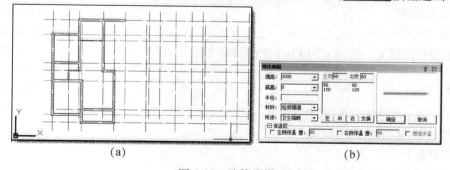

(a)　　　　　　　　　　　　　　　　　　　　　(b)

图 4-15　墙体编辑
(a)已完成的部分墙体；(b)"墙体编辑"对话框

根据对称性可以利用"镜像"命令 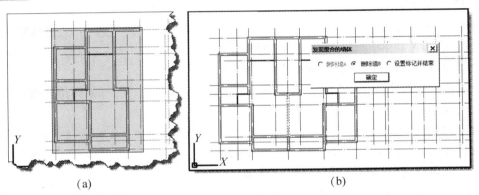完成其与墙体。命令行内容如下：

命令:_mirror   （镜像命令）

选择对象:指定对角点:找到 26 个   （框选）

选择对象: （确定）

指定镜像线的第一点:<打开对象捕捉> 指定镜像线的第二点:

（用鼠标拾取对称轴上两点）

要删除源对象吗？[是(Y)/否(N)]<N>:   （不删除原对象）

　　镜像过程中要求选择镜像对象，可以单个选择也可以框选，如图 4-16(a)所示，但不要选中非镜像对象。为了保险起见可以使用锁定层命令进行控制，比如事先将"DOTE"轴网层锁定。图 4-16(a)没有选中轴线，因为使用了"左"框选，没有轴线整根位于框内的情况。

　　当墙体镜像出现重合时，系统会给出提示，必须删除一部分，一般情况下删除"墙 B"，点击 确定 按钮继续，如图 4-16(b)所示。

图 4-16　镜像墙体过程

(a)框选墙体；(b)发现重合墙体

下面的命令行内容为利用锁非选择层命令 锁非选择层 后，完成镜像命令的过程：

命令: （ 锁非选择层 命令）

请选择要保留不被锁定层上的图元<退出>:找到 1 个   （拾取砖墙）

请选择要保留不被锁定层上的图元<退出>:找到 1 个,总计 2 个   （拾取轻质隔墙墙）

请选择要保留不被锁定层上的图元<退出>:

WALL 层打开   （砖墙所在层）

LATRINE 层打开   （轻质隔墙墙所在层）

其它层已经锁定。您可以用【解锁图层】命令打开他们。   （命令结束）

命令:_mirror   （镜像命令）

选择对象:指定对角点:找到 60 个   （任意框选）

11 个在锁定的图层上。

选择对象: （确定）

指定镜像线的第一点:指定镜像线的第二点: （拾取对称轴）

要删除源对象吗？[是(Y)/否(N)]<N>:

执行【锁非选层】后,锁定了若干图层,是否全部打开?*(N继续执行)<Y>* :

（🔓 解锁图层 命令）

如果需要修改某段墙体,可以用鼠标左键双击墙体,进入"墙体编辑"对话框,进行编辑和修改。

至此完成了图 4-13 所示内容。

4.3.3　右键菜单编辑

选中已绘制的墙体后点击鼠标右键,打开右键快捷菜单,如图 4-17 所示。

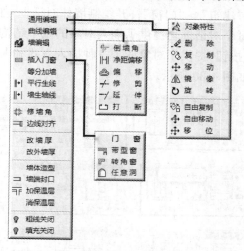

图 4-17　墙体编辑快捷菜单

快捷菜单列出的都是比较常用的实用命令,熟练掌握可以提高绘图效率。比如改墙厚、修墙角、墙体构造等命令,操作方法都比较简单。图 4-18 显示了将一直角墙改为半径为1000mm 的圆角墙的过程。

选中墙体后点击鼠标右键,点击快捷菜单 ➤ "曲线编辑" ➤ "倒墙角"命令,先输入参数R,根据提示输入半径值,用鼠标拾取两段墙体完成。

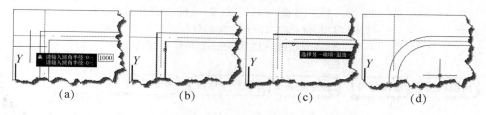

图 4-18　右键快捷菜单改墙角
(a)输入墙角半径;(b)拾取第一墙;(c)拾取第二墙;(d)完成

命令行内容如下:

命令:*T83_TFillet*

选择第一段墙或[设圆角半径*(R)*,当前= 0]<退出> :R　　　　　　　　　（键盘输入）

请输入圆角半径<0> :1000　　　　　　　　　　　　　　　　　　　（键盘输入后回车）

选择第一段墙或[设圆角半径*(R)*,当前= 1000]<退出> :　　　　　　　　（鼠标拾取）

选择另一段墙<退出>：

实际上这条命令对还没有相交的墙段也是适用的，只要圆角半径满足几何条件就可以完成。

4.4　门窗的布置与编辑

在 CAD 中单个绘制门窗是一件很复杂的工作，也是重复性很大的工作。好在专业绘图软件开发公司为我们开发了图库管理功能，将那些常用的、具有标准规格的对象，以图块的形式统一管理在库，使工程技术人员的设计绘图工作大大地提高了效率。

点击天正电气主菜单"建筑"▶"门窗"打开绘制墙体对话框，如图 4-19 所示。可以在七个对话框之间进行切换，每个对话框均提供了插入对象的基本结构尺寸、选择下拉列表和编号填写框。下面一行开关按钮，提供了对象的十一种插入方式和七类门窗对象，用鼠标点击以开关的形式进行选择，如图 4-20 所示。

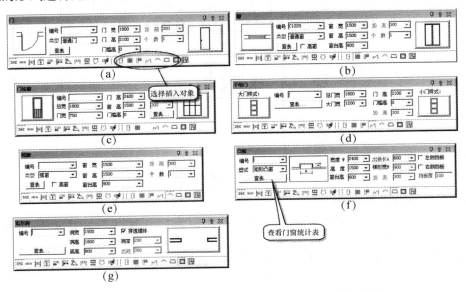

图 4-19　门、窗、门连窗、子母门、弧窗、凸窗、矩形洞的对话框
(a)门对话框；(b)窗对话框；(c)门连窗对话框；(d)子母门对话框；
(e)弧窗对话框；(f)凸窗对话框；(g)矩形洞对话框

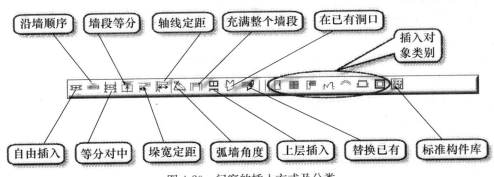

图 4-20　门窗的插入方式及分类

在执行门窗命令后,如果需要改变插入对象的类别时,用鼠标点击分类开关,如图 4-19、图 4-20 所示。如果选择门、窗的其他样式,可点击图 4-19(a)、(b)图中左右两边的图标,打开系统图库分别选择其他样式的平面图和立面图;点击图 4-19(c)图中左右图标,可以选择门连窗其他样式的门窗组合;点击图 4-19(d)图中的左右图标,可以选择子母门其他样式的组合。

4.4.1　自由插入

可在墙段的任意位置插入,速度快但不易准确定位,通常用在方案设计阶段。以墙中线为分界,内外移动光标,可控制内外开启方向,按"Tab"键控制左右开启方向,点击墙体后,门窗的位置和开启方向就完全确定了。

自由插入方式是指在两根轴线之间任意放置对象,在用鼠标点取位置之前可以输入一个数据。如图 4-21 所示,可以有选择地输入一个距轴线的距离,如插入一个 M1 门,已知门宽为 900mm,要求距右边轴线 150mm。点击门窗命令后,将光标移到插入位置附近,用"Tab"键切换选择的位置。命令行内容如下:

命令:T83_TOpening　　　　　　　　　　　　　　　（▢门　窗｜命令）

点取门窗插入位置(Tab-左右开)<退出> :150　　　　　（键盘输入）

点取门窗插入位置(Tab-左右开)<退出> :　　　　　　（任意键退出）

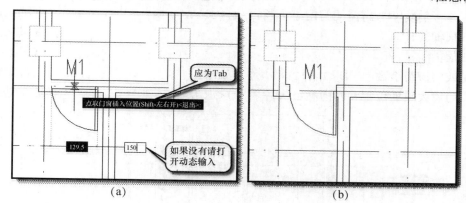

图 4-21　自由插入过程

(a)选择插入位置;(b)插入完成

4.4.2　顺序插入

以距离点取位置较近的墙边端点或基线端为起点,按给定距离插入选定的门窗。此后顺着前进方向连续插入,插入过程中可以改变门窗类型和参数。在弧墙顺序插入时,门窗按照墙基线弧长进行定位。

命令行格式如下:

命令:T83_TOpening

点取门窗大致的位置和开向(Tab－左右开)<退出> :

点取墙体<退出> :

输入从基点到门窗侧边的距离或［取间距 1200(L)］<退出> :xxx

输入从基点到门窗侧边的距离或［左右翻转 (S)/内外翻转 (D)/取间距 xxx(L)］<退出> :xxx

输入从基点到门窗侧边的距离或［左右翻转 (S)/内外翻转 (D)/取间距 xxx(L)］<退出> :xxx

输入从基点到门窗侧边的距离或［左右翻转 (S)/内外翻转 (D)/取间距 xxx(L)］<退出> :

4.4.3 轴间等分插入

将一个或多个门窗等分插入到两根轴线间的墙段等分线中间，如果墙段内没有轴线，则该侧按墙段基线等分插入。

系统根据点选的大致位置，选择最近的两根相邻轴线作为参考，键盘输入参数"S"后，可以改选任意两根轴线作为条件，同时根据所定对象宽度计算出允许插入对象的个数。如图 4-22(a)所示，在 AB 两根轴线之间对称插入两个 C2 窗，已知窗宽＝1500mm，点击门窗命令后，命令行内容如下：

命令:T83_TOpening　　　　　　　　　　　　　　　　　（🚪门　窗 命令）

点取门窗大致的位置和开向 (Tab－左右开)<退出> :　　　　　　　（鼠标点选）

指定参考轴线［S］/门窗或门窗组个数 (1~1)<1> :S　　　　　　（键盘输入）

第一根轴线 :　　　　　　　　　　　　　　　　　　　　　　（鼠标拾取）

第二根轴线 :　　　　　　　　　　　　　　　　　　　　　　（鼠标拾取）

门窗或门窗组个数 (1~4)<1> :2　　　　　　　　　　　　　（键盘输入）

点取门窗大致的位置和开向 (Tab－左右开)<退出> :　　　　　　（任意键退出）

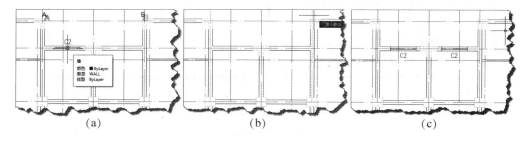

(a)　　　　　　　　　　　(b)　　　　　　　　　　　(c)

图 4-22　等分插入

(a)点取大致位置；(b)确定两根轴线；(c)插入完成

4.4.4 充满整个墙段

门窗在门窗宽度方向上完全充满一段墙，使用这种方式时，门窗宽度参数由系统根据墙段的大小自动确定。如果需要布置窗台外挑的窗户 C4，窗的立面样式为"平开窗 41 型"，窗高＝2100mm，窗台高＝900mm，要求充满整个墙段。操作过程如下：

点击门窗命令后，将窗对象按钮▦打开，点击"窗"对话框中左边的图标，进入系统图库，如图 4-23(a)所示，选中需要的图样后，点击▦按钮返回"窗"对话框，输入编号"C4"，窗高＝2100，窗台高＝900，用鼠标按下"充满整个墙段" 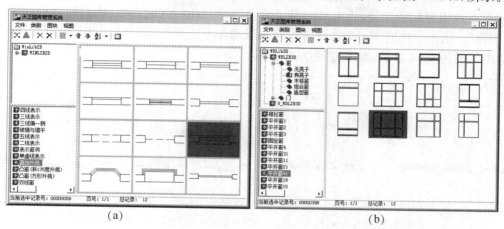 开关，此时"窗宽"选项变成灰色。

点击左边图标选择平面图样式，点击右边图标选择立面图样式，如图 4-23(b) 所示。

(a)　　　　　　　　　　　　　　　　　(b)

图 4-23　天正图库管理系统

(a)选择窗台外挑型；(b)选择平开窗 41 型

用鼠标拾取所布置的墙段。命令行内容如下：

命令：*T83_TOpening*　　　　　　　　　　　　　　　　　(□门　窗 命令)

点取门窗大致的位置和开向(Tab—左右开)<退出>：　　　(点选第一段墙)

点取门窗大致的位置和开向(Tab—左右开)<退出>：　　　(点选第二段墙)

点取门窗大致的位置和开向(Tab—左右开)<退出>：　　　　(确定退出)

点取门窗大致的位置和开向(Tab—左右开)<退出>：

布置结果如图 4-24 所示。

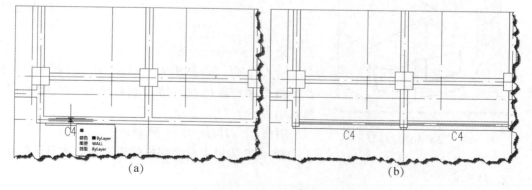

(a)　　　　　　　　　　　　　　　　　(b)

图 4-24　充满整个墙段布置

(a)鼠标点选墙段；(b)布置完成

4.4.5　快捷插入门窗

快捷插入就是利用右键快捷菜单中的"□ 插入门窗 ▶"命令组中："⊓ 带型窗"、"⊓ 转角窗"和"⊓ 任意洞"命令插入主菜单"门窗"命令以外的特殊形式的门和窗。

1. 带型窗

"带型窗"实际是跨越多段墙体的若干扇普通窗的组合,因为它跨越了几段墙体,而且可能还有不规则形状的墙段,在安装时就会有窗与窗的衔接问题,所以将它们组合起来统称"带型窗"。因为绘图时不可能将多个窗在多段墙体上连续绘出,所以要用"带型窗"命令一次绘出。图 4-25 示意了"带型窗"的绘制过程。

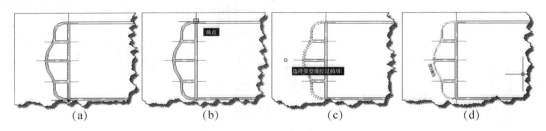

图 4-25　插入带型窗过程
(a)拾取第一点;(b)拾取第二点;(c)选择带型窗经过的墙;(d)完成带型窗插入

先拾取某一墙段,然后单击鼠标右键,点击快捷菜单的 带型窗 命令,命令行内容如下:

命令:T83_TBanWin 　　　　　　　　　　　　　　　　　　　(带型窗 命令)
起始点或[参考点(R)]<退出>: 　　　　　　　　　　　　　　　　　(拾取起点)
终止点或[参考点(R)]<退出>: 　　　　　　　　　　　　　　　　　(拾取终点)
选择带型窗经过的墙:指定对角点:找到 12 个 　　　　　　　　　　(框选经过的墙段)
选择带型窗经过的墙: 　　　　　　　　　　　　　　　　　　　　　(回车完成)

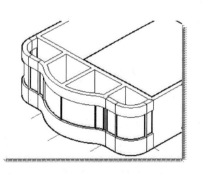

图 4-26　带型窗的立体显示

命令:_-view 输入选项[?/删除(D)/正交(O)/恢复(R)/保存(S)/设置(E)/窗口(W)]:_swiso
　　　　　　　　　　　　　　　　　　(西南轴侧)

命令:_vscurrent 　　　　　　　　　　(三维消隐)
输入选项[二维线框(2)/线框(W)/隐藏(H)/真实(R)/概念(C)/着色(S)/带边缘着色(E)/灰度(G)/勾画(SK)/X
射线(X)/其他(O)]<概念>:_H
图 4-26 为以上命令完成的带型窗立体显示效果。

2. 转角窗

"转角窗"是在两面形成角的墙上布置的窗,整个窗跨越两面墙,可以达到更好的采光效果。要求插入"转角窗"的墙角处不可以有"柱子"存在。基本参数可以在"绘制角窗"对话框中选定。

操作过程也是先拾取某一墙段,然后单击鼠标右键,点击快捷菜单的 转角窗 命令,命令行内容如下:

命令:T83_TCornerWin 　　　　　　　　　　　　　　　　　(转角窗 命令)
请选取墙内角<退出>: 　　　　　　　　　　　　　　　　　　　(拾取墙内角)

转角距离 1<2000>：　　　　　　　　　　　　　　　　　　　　　（键盘输入距离）

转角距离 2<2000>：　　　　　　　　　　　　　　　　　　　　　（键盘输入距离）

请选取墙内角<退出>：　　　　　　　　　　　　　　　　　　　　（回车确定）

"转角窗"插入的操作过程如图 4-27 所示。

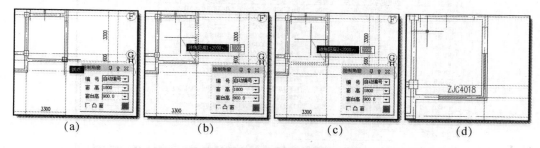

图 4-27　转角窗的绘制过程

(a)选取墙内角；(b)输入转角距离 1；(c)输入转角距离 2；(d)完成转角窗

如果需要修改"转角窗"的参数，用鼠标左键双击该窗，打开"角窗编辑"对话框进行修改，可以修改其结构尺寸和样式，但是不可以修改转角距离。图 4-28 显示的是将普通的"转角窗"改为凸出"转角窗"的过程，修改过程是在轴测图状态下进行的。

命令：_ - view 输入选项[？/删除 (D)/正交 (O)/恢复 (R)/保存 (S)/设置 (E)/窗口 (W)]：_seiso 正在重生成模型。

命令：_vscurrent

输入选项[二维线框 (2)/线框 (W)/隐藏 (H)/真实 (R)/概念 (C)/着色 (S)/带边缘着色 (E)/灰度 (G)/勾画 (SK)/X

射线 (X)/其他 (O)]<二维线框>：_H

命令：T83_TObjEdit　　　　　　　　　　　　　　　　　　　　　（双击转角窗进行编辑）

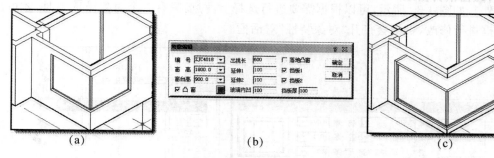

图 4-28　将普通"转角窗"改为凸窗样式

(a)普通"转角窗"；(b)"角窗编辑"对话框；(c)编辑完成

4.4.6　编辑门窗

门窗总是和墙体连接在一起的，没有墙体是无法布置门窗的，当删除某个门窗对象后，墙体就会立即恢复原状，不用担心由于对窗体的编辑会造成墙体的缺损或变形。

布置门窗以后，在"门窗"对话框(如图 4-19 所示)中点击可以查看本图形文件中的门窗统计表,如图 4-29 所示。这个统计表用于检查当前图中已插入门窗的数据是否合理,但只可以浏览不可以修改,而且没有统计特殊的"带型窗"和"转角窗"。

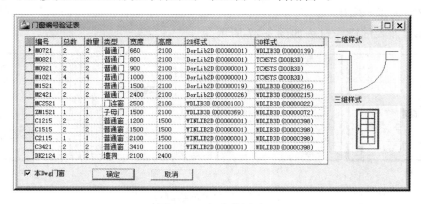

图 4-29　门窗统计表

因为天正电气平台是以电气设备为主,建筑绘图功能只是天正建筑平台的一部分,所以修改编辑功能也是简单实用。

系统将门窗存放在"WINDOW"图层,同时还生成了存放其他附件的图层:

- "3T_GLASS"层——存放玻璃(用于三维显示);
- "3T_BAR"层——存放窗框(用于三维显示);
- "WALL"层——存放窗台板(用于三维显示);
- "WINDOW_TEXT"层——存放门窗文字。

1. 双击对象修改

一般情况下用鼠标左键双击门窗对象都会进入对象插入时用过的对话框,如图 4-19 所示,可以重新选择参数,只要改变了参数,包括门窗编号,单击按钮后系统会给出提示(单件插入除外),如图 4-30 所示,可以根据需要进行选择。注意:只有一个对象被选中时,才可进入对话框进行修改,否则会打开"对象特性"对话框。

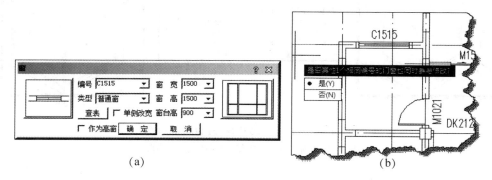

图 4-30　双击对象后修改
(a)对象对话框;(b)修改提示

2. 夹点控制修改

系统为门窗对象预设了五个夹点,并对每个夹点预设了行为,如图 4-31 所示,通过拖动夹点可对门窗进行相应编辑。

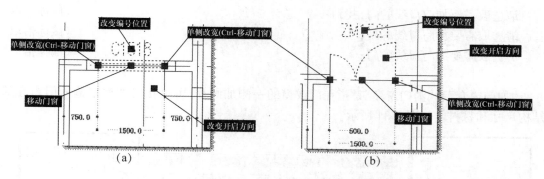

图 4-31　门窗夹点控制

(a)窗夹点控制内容；(b)门夹点控制内容

部分夹点具有两个功能，可使用"Ctrl"键进行切换。

3. 右键快捷菜单

门窗的右键菜单如图 4-32(a)所示。"内外翻转"和"左右翻转"是指相对门或窗的方向原地翻转，如图 4-32(b)、图 4-32(c)所示。

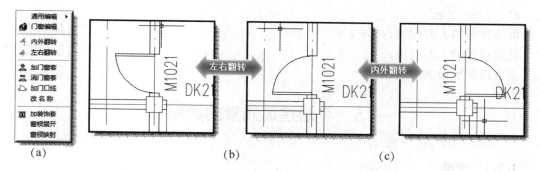

图 4-32　快捷菜单的使用

(a)快捷菜单；(b)左右翻转；(c)内外翻转

"加门口线"是指在门的一侧或双侧加画一条直线。如图 4-33 所示。

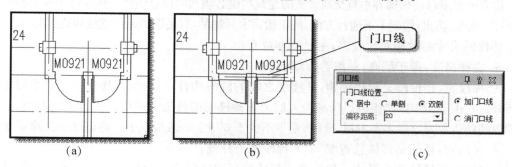

图 4-33　门口线

(a)没有门口线；(b)添加了门口线；(c)"门口线"对话框

命令：T83_TDoorLine

请选取需要加门口线的门：找到 1 个　　　　　　　　　　　　　　　（鼠标拾取）

请选取需要加门口线的门:找到 1 个,总计 2 个 （鼠标拾取）

请选取需要加门口线的门: （鼠标拾取）

请选取需要加门口线的门: （鼠标拾取）

"加门窗套"和"消门窗套"是指在门或窗的一侧加画套,可以在对话框中输入门窗套的结构尺寸和材料。如图 4-34 所示。

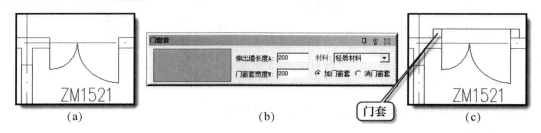

图 4-34　门窗套

(a)没有"门窗套";(b)"门窗套"对话框;(c)添加了"门窗套"

命令:*T83_TOpSlot*

请选择外墙上的门窗:找到 1 个 （鼠标拾取）

请选择外墙上的门窗: （鼠标拾取）

点取窗套所在的一侧: （鼠标拾取）

4.5　其他建筑元素的绘制

4.5.1　楼梯

楼梯作为建筑物垂直交通设施之一,首要的作用是联系上下交通通行;其次,楼梯作为建筑物主体结构还起着承重的作用,除此之外,楼梯有安全疏散、美观装饰等功能。

设有电梯或自动扶梯等垂直交通设施的建筑物也必须同时设有楼梯。在设计中要求楼梯坚固、耐久、安全、防火;做到上下通行方便,便于搬运家具物品,有足够的通行宽度和疏散能力。

楼梯的尺寸参数相对比较多,主要的参数有:

• 楼梯高度:等于层高,一般为 3000mm;

• 梯段宽:楼梯段又称楼梯跑,是楼层之间的倾斜构件,同时也是楼梯的主要使用和承重部分。它由若干个踏步组成。为减少人们上下楼梯时的疲劳和适应人们行走的习惯,一个楼梯段的踏步数要求最多不超过 18 级,最少不少于 3 级。一般情况下一跑宽度＝二跑宽度;

• 梯间宽:指的是楼梯总宽度＝2×梯段宽＋井宽;

• 井宽:楼梯的两梯段或三梯段之间形成的竖向空隙称为梯井。在住宅建筑和公共建筑中,根据使用和空间效果不同而确定不同的取值。住宅建筑应尽量减小梯井宽度,以增大梯段净宽,一般取值为 100～200mm。公共建筑梯井宽度的取值一般不小于 160mm,并应满足消防要求;

• 踏步总数:就是多少级台阶,总数＝楼梯高度/踏步高度;

- 踏步高度：一步楼梯的高度，一般为 150mm；

- 踏步宽度：一步楼梯的宽度，一般为 270mm；

- 平台宽度：楼梯平台是指楼梯梯段与楼面连接的水平段或连接两个梯段之间的水平段，供楼梯转折或使用者略作休息之用。平台的标高有时与某个楼层相一致，有时介于两个楼层之间。与楼层标高相一致的平台称为楼层平台，介于两个楼层之间的平台称为中间平台。休息平台宽度就是两跑中间的平台板宽度。

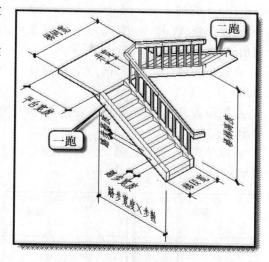

图 4-35 双跑楼梯结构示意图

插入一个比较常见的"双跑楼梯"需要通过对话框的参数选择和屏幕数据的拾取来完成。操作步骤如下：

点击天正电气主菜单 ▶ " ▼ 建　筑 " ▶ " 双跑楼梯 "，打开"双跑楼梯"对话框，如图 4-36(a)所示。

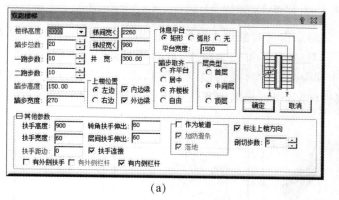

(a)

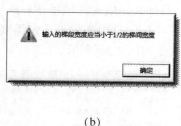

(b)

图 4-36 "双跑楼梯"

(a)"双跑楼梯"对话框；(b)系统提示

"梯间宽"参数可以从图中拾取，点击 梯间宽< 按钮后可在图中拾取，"梯段宽"也可以点击 梯段宽< 按钮拾取，但要注意"梯间宽"、"梯段宽"和"井宽"三者之间的关系，系统会检测出数据之间的矛盾给予提示，如图 4-36(b)所示。

图 4-37 给出了插入"双跑楼梯"的操作过程，以下是命令行中的内容。

命令:T83_TRStair

点取位置或[转 90 度(A)/左右翻(S)/上下翻(D)/对齐(F)/改转角(R)/改基点(T)]
<退出>:＊取消＊

请输入梯间宽度<取消>:指定第二点：

点取位置或[转 90 度(A)/左右翻(S)/上下翻(D)/对齐(F)/改转角(R)/改基点(T)]

<退出> : *取消*

　　点取位置或 [转 90 度 (A)/左右翻 (S)/上下翻 (D)/对齐 (F)/改转角 (R)/改基点 (T)]

<退出> : *取消*

　　点取位置或 [转 90 度 (A)/左右翻 (S)/上下翻 (D)/对齐 (F)/改转角 (R)/改基点 (T)]

<退出> : *取消*

　　点取位置或 [转 90 度 (A)/左右翻 (S)/上下翻 (D)/对齐 (F)/改转角 (R)/改基点 (T)]

<退出> :

　　点取位置或 [转 90 度 (A)/左右翻 (S)/上下翻 (D)/对齐 (F)/改转角 (R)/改基点 (T)]

<退出> :

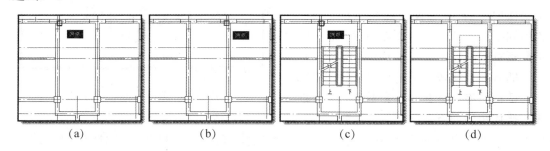

图 4-37　插入"双跑楼梯"的过程
(a)拾取"梯间宽"的第一点；(b)拾取"梯间宽"的第二点；(c)点击插入位置；(d)完成

　　如果需要编辑一插入的楼梯，只需双击该对象进入对话框重新调整参数，所不同的是双击打开的对话框多了两个操作按钮，" 确定 "和" 取消 "，此时的对话框没有创建功能。

　　另外天正电气环境里还有两个梯段命令，"直线梯段"和"圆弧梯段"，操作方法与"双跑楼梯"类似。这类楼梯不一定需要楼梯间，可以根据需要任意布置。对话框和梯段示意图如图 4-38 和图 4-39 所示。

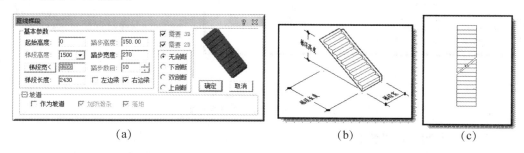

图 4-38　直线梯段
(a)"直线梯段"编辑对话框；(b)"直线梯段"的立体示意图；(c)"直线梯段"的平面图

　　在天正建筑环境里有更多样式的楼梯可以布置，如图 4-40 所示。虽然在天正电气环境里没有插入这些楼体样式的功能，但可以进行编辑和修改这些图形，双击对象就可以打开它们的编辑对话框。

　　系统将插入的楼梯存放在"STAIR"图层，"RALL"层存放栏杆，"HANDRALL"层存放扶手，"TEL_SYMB"层存放上下箭头，"DIM_SYMB"层存放标注。

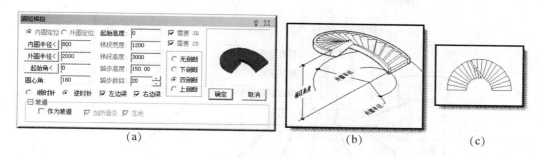

图 4-39　圆弧梯段

(a)"圆弧梯段"编辑对话框;(b)"圆弧梯段"的立体示意图;(c)"圆弧梯段"的平面图

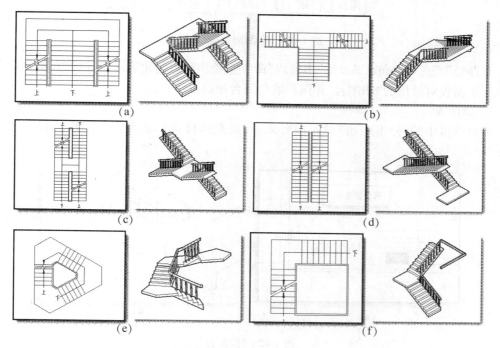

图 4-40　各种楼梯平面图和立体图

(a)双分平行楼梯;(b)双分转角楼梯;(c)交叉楼梯;(d)剪刀楼梯;(e)三角楼梯;(f)矩形转角楼梯

4.5.2　阳台

阳台的绘制也是以墙体为参考依据,可以选择需要的样式进行布置,阳台的参数比较简单,如图 4-41 所示。

在"绘制阳台"对话框中,共有六个参数和六种绘制样式的选择。左侧为"栏板"结构的示意图,点选"阳台梁高"复选框,可以看到"梁"的结构示意图。

点击天正电气主菜单"▼建　筑" ➤ "◻阳　台"打开"绘制阳台"对话框,确定参数,选择样式,根据命令行的提示进行操作。样式的选择应该是根据墙体的具体结构而定。比如"凹阳台"是针对有一段凹进的墙体;"三面阳台"是针对一段直墙;"阴角阳台"是针对墙的拐角;"沿墙偏移绘制"是针对墙的凸角等。"任意绘制"适合绘制不规则形状的阳台;"选

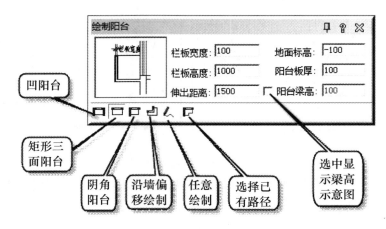

图 4-41 "绘制阳台"对话框

择已有路径"是先用 AutoCAD 的"多段线"命令 ➜ 绘出阳台的轮廓形状,以便在阳台命令中拾取。下面仅对常用的"凹阳台"和两种墙角阳台加以说明。

1. 凹阳台

在对话框中的"伸出距离"对凹阳台来说,就是墙体的凹进距离。操作过程如图 4-42 所示。

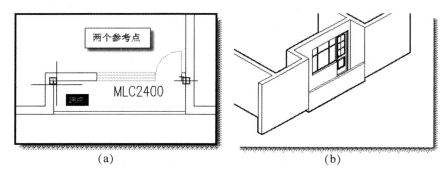

图 4-42 "凹阳台"

(a)"凹阳台"平面图;(b)"凹阳台"轴测图

命令:T83_TBalcony   (□阳　台 命令)

阳台起点<退出>:   (拾取两个参考点)

阳台终点或[翻转到另一侧(F)]<取消>:

2. 阴角阳台

"阴角阳台"是对着两面墙体的,所以阳台本身也只用两面墙组成。阳台起点应该选择墙角那一点,如图 4-43(a)所示,选择阳台终点时,如果阳台栏板没出现在正确的位置上,如图 4-43(b)所示,应该键盘输入"F"(不分大小写)进行调整。

命令:T83_TBalcony   (□阳　台 命令)

阳台起点<退出>:   (拾取角点)

阳台终点或[翻转到另一侧(F)]<取消>:4000   (输入阳台长度或用鼠标确定)

*阳台起点<退出>:*取消**

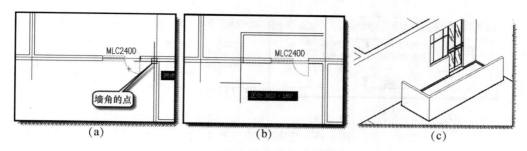

图 4-43　"阴角阳台"的绘制

(a)拾取阳台的起点；(b)确定阳台长度；(c)"阴角阳台"轴测图

3. 沿墙偏移绘制阳台

沿墙偏移就是根据墙的形状绘制阳台，只要在墙体上确定两个端点，并选择偏移的参照墙体，阳台就可以按照墙的形状生成，如果选择的墙体不连续，则命令失败。绘制过程如图 4-44 所示。

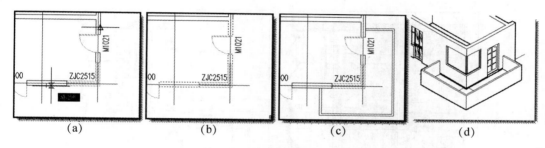

图 4-44　沿墙偏移绘制阳台

(a)拾取墙上两点；(b)选择与阳台相邻的墙；(c)平面图；(d)轴测图

命令执行后，命令行中的内容如下：

命令：*T83_TBalcony*　　　　　　　　　　　　　　　　（ 阳　台 命令）

请点取墙上一点<退出>：　　　　　　　　　　　　　　（拾取墙上第一点）

点取墙上另一点<取消>：　　　　　　　　　　　　　　（拾取墙上第二点）

请选择邻接的墙(或门窗)<取消>：找到 1 个　　　　（选择与阳台相邻的墙）

请选择邻接的墙(或门窗)<取消>：找到 1 个,总计 2 个　（选择与阳台相邻的墙）

请选择邻接的墙(或门窗)<取消>：找到 1 个,总计 3 个　（选择与阳台相邻的墙）

请选择邻接的墙(或门窗)<取消>：　　　　　　　　　　（回车结束）

系统将阳台存放在"BALCONY"图层。

如果需要修改编辑阳台的参数，只要选中对象后用鼠标左键双击就可以打开编辑对话框，与楼梯类似。编辑对话框与插入对话框有所不同，少了一参数多了两个命令按钮，如图 4-45 所示。

4.5.3　搜索房间

在工程图纸中，需要对每一个房间标注基本信息，如房间的名称、房间的面积以及房间的地板信息等。使用"搜索房间"命令可批量创建或更新房间信息，并标注室内使用面积和

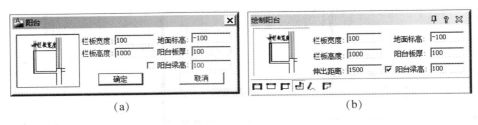

图 4-45　与"阳台"有关的对话框
(a)编辑阳台对话框；(b)绘制阳台对话框

建筑面积,同时可生成室内地面。

　　点击天正电气主菜单"▼建　筑" ➤ "搜索房间"打开"搜索房间"对话框,如图 4-46
(a)所示。通过此对话框选择房间的标注信息和标注样式,然后在图中窗选建筑物的墙体,
如果需要统计所选房间的建筑面积,指定建筑面积标注的位置,即可完成房间面积的标注,
如图 4-46(b)所示。

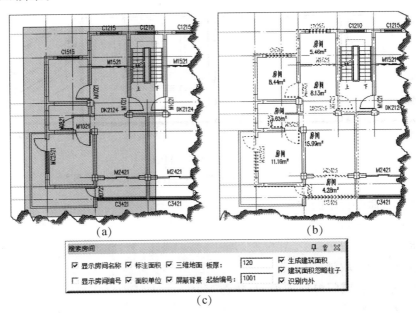

图 4-46　搜索房间
(a)选择墙体；(b)房间信息；(c)"搜索房间"对话框

操作过程的命令行内容如下：

命令:T83_TUpdSpace　　　　　　　　　　　　　　　(搜索房间 命令)
请选择构成一完整建筑物的所有墙体(或门窗)<退出>:指定对角点：(框选房间范围)
请选择构成一完整建筑物的所有墙体(或门窗)：
请点取建筑面积的标注位置<退出>：　　　　　　　　(如不需要统计,回车退出命令)
　　系统给出的房间名称统一为"房间",需要手动编辑。选中一个房间的名称,双击可以直
接修改房间的名称,如图 4-47(a)所示。如果用鼠标左键双击房间的框线,如图 4-47(b)所
示,则打开"编辑房间"对话框,如图 4-47(c)所示。完成编辑后点击"确定"按钮退出。

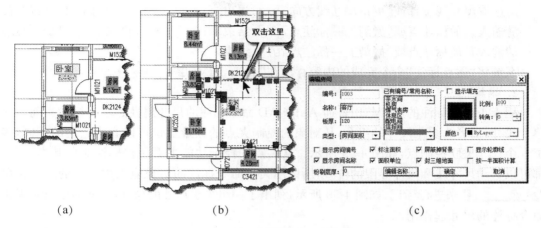

(a)　　　　　　　　　　(b)　　　　　　　　　　(c)

图 4-47　房间信息的修改与编辑

(a)只更改房间名称；(b)双击房间的边框；(c)"编辑房间"对话框

"编辑房间"对话框中还有一些其他选项，编辑时只能单个修改，不能批量处理。

4.5.4　尺寸标注

1. 标注

在 4.1 节中介绍了轴网标注，工程施工要求图纸中对于墙体、门窗等也要进行尺寸标注，主要是它们的位置确定。

点击天正主菜单"▼尺　寸" ➤ "ⅲ逐点标注"命令，用鼠标拾取各个尺寸节点进行标注。如图 4-48 所示为"逐点标注"的过程。

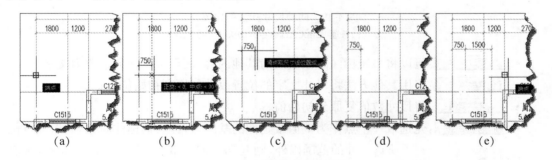

(a)　　　　　　　(b)　　　　　　　(c)　　　　　　　(d)　　　　　　　(e)

图 4-48　"逐点标注"过程

(a)拾取尺寸起点轴；(b)窗左端点的追踪拾取；(c)确定文字位置；(d)拾取窗右端点；(e)选下一个尺寸节点

"逐点标注"命令可以完成同一方向的一组标注，第一个尺寸(750)需要有三个拾取点，注意第二点的拾取有两种方法：①让鼠标光标在窗的左端点停留 1 秒，再向上移动到平行位置点取；②直接拾取窗的左端点，然后键盘输入"D"更正尺寸线方向，点选与尺寸线平行的墙体，相当于找到了第一点的平行位置。第三点是确定尺寸线的位置。

以下是"逐点标注"命令的命令行提示：

命令:T83_TDimMP　　　　　　　　　　　　　　　　　　　　　(ⅲ逐点标注命令)

起点或[参考点(R)]<退出>：　　　　　　　　　　　　　　　　　(拾取起点)

第二点<退出>：　　　　　　　　　　　　　　　　　　　　　(追踪拾取第二点)

请点取尺寸线位置或[更正尺寸线方向(D)]<退出>： （确定尺寸线位置）
请输入其他标注点或[撤消上一标注点(U)]<结束>： （拾取下一个尺寸节点）
请输入其他标注点或[撤消上一标注点(U)]<结束>：
系统将"逐点标注"命令完成的内容存放在"TEL_DIM"层。

2. 编辑

用天正命令标注的尺寸与用普通 AutoCAD 命令标注的尺寸属性是不一样的。前者为单个尺寸，后者为多个尺寸的组合，从对象的控制夹点的数量上也可以看出它们的不同，多了 3 个尺寸关联控制点，如图 4-49 所示。从夹点的控制功能上看两种标注对象基本一致，都可以移动尺寸线和尺寸界限的位置，所以用天正命令标注的对象应该用天正的尺寸菜单" ▼尺　　寸"来进行标记，如图 4-50 所示，列出了一组关于尺寸的命令，这些命令仅对天正命令标注的尺寸起作用。

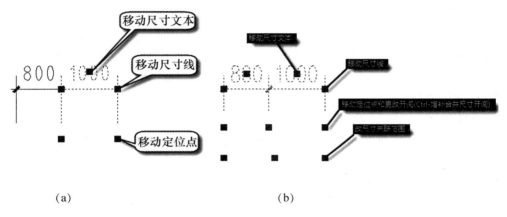

图 4-49　两种尺寸标注的比较

(a)普通 AutoCAD 命令；(b)天正命令

- 更改文字：可以将系统标注的数值改为其他内容，甚至可以将数字改为文字；

- 文字复位：将用其他方法将尺寸文字的位置改动复原到初始位置；

- 文字复值：将尺寸数值复原到初始值；

- 裁剪延伸：先选取一个点作为裁剪或延伸的基准点，再点选标注对象，如果该点位于所选尺寸的范围以外，则起到延伸的效果，否则为裁剪效果，可能还要减少尺寸的个数；

  - 取消尺寸：可以取消一组尺寸中的任意一个尺寸，如果选取中间的尺寸，取消后分为两组，如果选一端的尺寸，取消后仍为一组尺寸；

  - 尺寸打断：用鼠标选取要打断出的尺寸界限，即将一组尺寸分为两组；

  - 连接尺寸：将两组标注连接起来，先选的为"主对象"，如果有共同的端点则自动连为一体，如果两组之间有距离，则增加该距离的尺寸标注，尺寸线位置统一到主对象的位置；

  - 增补尺寸：选中已存在的标注对象，可以在原对象的左、

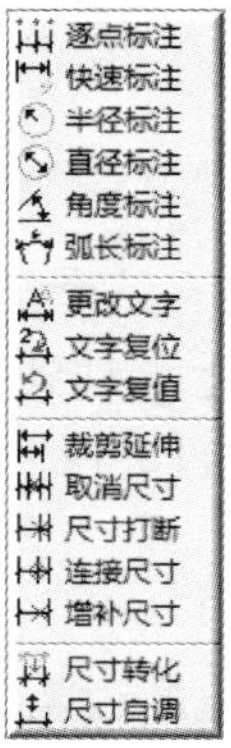

图 4-50　天正尺寸菜单

右、中间的任意位置增补尺寸,增补后仍为一组连续的尺寸标注对象。

　　建筑工程图纸还有很多其他内容,比如"竖井"的表示、"电缆沟"的表示与电气绘图是有直接关系的,在后面的章节中将会介绍。图 4-51 为用本章所讲内容绘制的基本平面图。

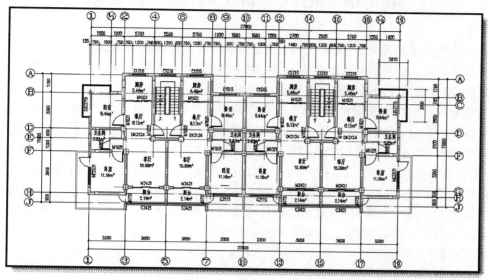

图 4-51　某高层建筑标准层平面图

第5章 电气设备平面图绘制工具

建筑电气技术的发展,是随着建筑技术的发展、电气科技的发展而同步的,尤其是随着信息技术的发展,如计算机技术、控制技术、数字技术、显示技术、网络技术以及现代通信技术的发展,使建筑电气技术实现了飞跃性的发展。

建筑电气包括强电和弱电两部分,强电部分的设计内容主要包括:变配电系统、电力和照明系统、防雷接地系统等。一般来说,建筑中变配电系统主要包括:高低压系统、变压器、备用电源系统等;电力系统主要包括电力系统配电及控制;照明系统则包括室内外各类照明;防雷接地系统包括防雷电波侵入、防雷电感应、接地、等电位联结和局部等电位联结、辅助等电位联结,等等。

建筑智能化技术主要包括:建筑设备自动监控系统、安全防范系统、停车场管理系统、火灾自动报警及消防联动系统、通信与计算机网络系统、综合布线系统、广播系统、有线电视系统、数字会议及视频会议系统、系统集成等十几个子系统。国内的建筑智能化技术已从最初独立的各子系统发展到系统集成。

所有的电气系统在设计和施工的过程中都要用工程图纸表示出来,随着建筑智能化技术的深化应用,更要求建筑电气工程走向规范化、标准化。

本章的主要任务是介绍如何将工程师的设计结果绘制到平面图上。

5.1 平面设备布置

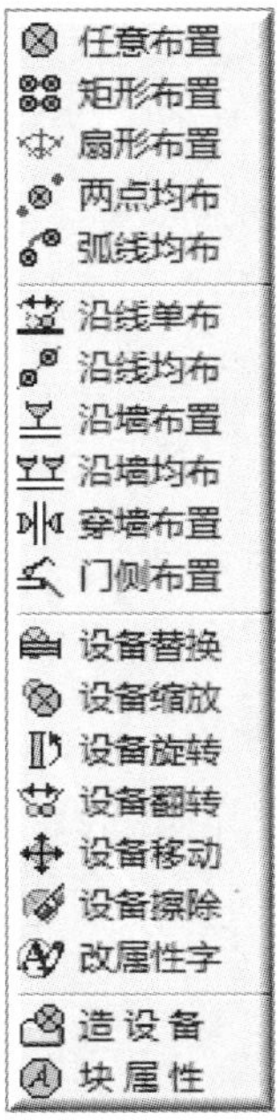

天正电气主菜单 ➤ "▼ 平面设备"子菜单中列出了四组命令,如图 5-1 所示。第一组:设备布置的一般方式;第二组:设备布置的特殊方式;第三组:设备的编辑与修改命令;第四组:管理设备库的附加命令。基本功能如下:

* 任意布置:在平面图中插入各种电气设备图块;
* 矩形布置:在平面图中由用户拉出一个矩形框并在此框中绘制各种电气设备图块;
* 扇形布置:在扇形房间内按矩形排列进行各种电气设备图块的布置;
* 两点均布:平面图中在两个指定点之间沿一条直线均匀布置各种电气设备图块;
* 弧线均布:平面图中在两个指定点之间沿一条弧线均匀布置各种电气设备图块;
* 沿线单布:在一条直线、弧线或墙上插入开关或插座等设备,动态决定插入方向;
* 沿线均布:在平面图中沿一条线均匀布置各种电气设备

图 5-1 平面设备子菜单

图块,图块的插入角依选中线的方向而定;

- 沿墙布置:在平面图中沿墙线插入电气设备图块,图块的插入角依墙线方向而定;
- 沿墙均布:在平面图中沿一墙线均匀布置电气设备图块,图块的插入角依墙线方向而定;
- 穿墙布置:在用户指定的两点连线与墙线的交点处插入设备;
- 门侧布置:在沿门一定距离的墙线上插入开关;
- 设备替换:用选定的设备块来替换已插入图中的设备图块;
- 设备缩放:改变平面图中已插入设备图块的大小;
- 设备旋转:将已插入平面图中的设备图块旋转至指定的方向,插入点不变;
- 设备翻转:将平面图中的设备沿其 Y 轴方向作镜像翻转;
- 设备移动:移动平面图中的设备图块;
- 设备擦除:擦除图中的设备块;
- 改属性字:修改平面图设备块中的属性文字;
- 造设备:用户根据需要制作或对图块进行改造,并加入到设备库中;
- 块属性:在制作设备或元件图块时加入属性文字。

　　天正电气平台有一个操作方便的图库管理系统,已经将电气设备图标以"图块"的形式,分门别类地存放在图库的"设备库"中。初学者可以浏览附录,以便尽快熟悉掌握各类设备的符号及名称。可以通过对话框的形式进行选择,按照不同的方式布置电气设备平面图。

5.1.1　任意布置

　　设备布置最基本的命令是"任意布置",可以在平面图中自由插入各种电气设备图块,点击" ⊗ 任意布置 "后,系统会同时打开两个对话框,一个是通用的"天正电气图块"对话框,另一个是"任意布置"对话框。如图 5-2 所示。用其他方式的设备布置命令插入设备图块时,只是第二个对话框有所不同。

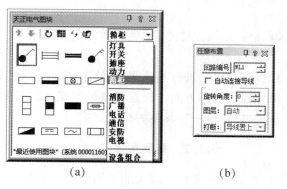

(a)　　　　　　　　　　(b)

图 5-2　插入电气设备

(a)"天正电气图块"对话框;(b)"任意布置"对话框

　　在"天正电气图块"对话框中,可以选择和查看到图库中的所有图块,包括:灯具、开关、插座、动力、箱柜、消防、广播、电话、通讯、安防、电视等类别的电气符号。对话框的操作很简单,采用了幻灯片的形式,可以翻页显示。当移动鼠标掠过图标时,在对话框的下方可以看到该图块的名称及系统编号,对初学者来说可以很快地熟悉设备图标的模样和名称。被选中的图标符号即为当前操作的内容。

第二个对话框是与设备连线有关的,可以选择布置的同时是否自动连接导线,建议初学者不选择此项,如果你对回路的安排很了解,确定当前的操作属于哪个回路,可以选择此项,工作效率会很高。"旋转角度"是指设备插入图中时的旋转角度。

点击命令后可以一次插入若干个对象,而且不限于一种或一类设备。图 5-3 为"任意插入"的操作过程。

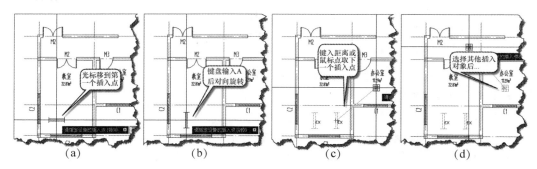

图 5-3 "任意插入"过程

(a)找第一个插入点;(b)输入参数 A;(c)确定第二点;(d)切换插入对象

命令行的显示如下:

命令:*rybz*　　　　　　　　　　　　　　　　　　　　　　　　　　　(任意布置命令)

请指定设备的插入点{转 90[A]/放大[E]/缩小[D]/左右翻转[F]/X 轴偏移[X]/Y 轴偏移[Y]}<退出> :A　　　　　　　　　　　　　　　　　　　　　　　(转 90 度)

请指定设备的插入点{转 90[A]/放大[E]/缩小[D]/左右翻转[F]/X 轴偏移[X]/Y 轴偏移[Y]}<退出> :　　　　　　　　　　　　　　　　　　　　　　　(点插入点)

请指定设备的插入点{转 90[A]/放大[E]/缩小[D]/左右翻转[F]/X 轴偏移[X]/Y 轴偏移[Y]}<退出> :1600　　　　　　　　　　　　　　　　　　　　　(键盘输入)

请指定设备的插入点{转 90[A]/放大[E]/缩小[D]/左右翻转[F]/X 轴偏移[X]/Y 轴偏移[Y]}<退出> :　　　　　　　　　　　　　　　　　　　　　　(下一项开始)

在指定设备插入点之前,还可以进行其他调整,放大和缩小的比率为 10%,轴偏移量需要键盘输入,可以用正负号控制偏移方向。任意布置虽然操作比较简便,但是效率较低,所以还有一些其他的布置方式。

图 5-4 "矩形布置"对话框

5.1.2 矩形布置

一般在一较大的房间中需要布置 n 行 m 列电气设备,如教室、会议室,用"任意布置"的方式显然不合适,可以用"矩形布置"命令完成。

点击天正主菜单 ► " ▼ 平面设备 " ► " 矩形布置 ",打开两个对话框,第二个对话框的名称为"矩形布置",如图 5-4 所示。

可以在对话框中确定行数和列数,如果不勾选"行距"选项,系统会根据两点确定的矩形自动布置;行向角度为 0 则行向平行于 X 轴,也可以在命令行输入"S"后,在图中选择一个参照作为行向,参照可以是一段直线,或者是一段直墙;"接线方式"指的是矩形内部的设备之间的接线方式,一般情况下行列内部的连线为默认连接;"距边距离"指的是设备距墙体的的距离。图 5-5 为"矩形布置"的操作过程。

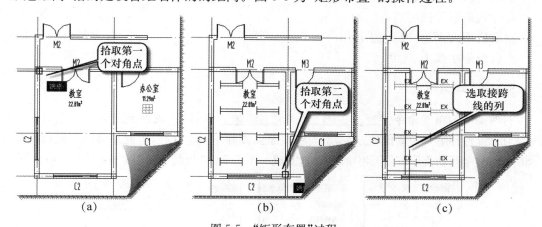

图 5-5　"矩形布置"过程

(a)拾取第一角点;(b)拾取第二角点;(c)指定接跨线列

命令行显示如下:

命令:jxbz　　　　　　　　　　　　　　　　　　　　(◙◙ 矩形布置 命令)

请选择已有设备块<从图库中选取>:指定对角点:　　　　(选择插入对象)

请输入起始点{选取行向线[S]}<退出>:　　　　　　　　(拾取第一点)

请输入终点:　　　　　　　　　　　　　　　　　　　　(拾取第二点)

请选取接跨线的列<不接>:　　　　　　　　　　　　　　(回车默认)

请输入起始点{选取行向线[S]}<退出>:　　　　　　　　(下一组的开始)

5.1.3　扇形布置

点击天正主菜单 ➤"▼ 平面设备"➤"✿ 扇形布置",扇形布置也是经常遇到的插入方式,如图 5-6所示。

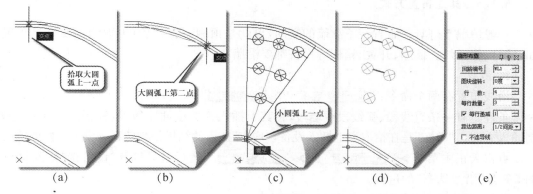

图 5-6　"扇形布置"过程

(a)拾取大圆弧上一点;(b)大圆弧上第二点;(c)小圆弧上一点;(d)完成;(e)"扇形布置";对话框

命令行内容如下:

命令:*sxbz*   （ 扇形布置 命令）

请选择已有设备块<从图库中选取>:

请输入扇形大弧起始点<退出>:   （拾取大圆弧上一点）

请输入扇形大弧终点<退出>:   （拾取大圆弧上第二点）

点取扇形大弧上一点<退出>:   （拾取大圆弧上任意点）

点取扇形小弧上一点: （拾取小圆弧上一点）

5.1.4　均匀布置

有两条均匀布置命令:" 两点均布 "、" 弧线均布 "可以实现两点之间沿一条直线或弧线均匀布置各种电气设备图块,参考的直线或是弧线并不一定存在,也就是可以用鼠标根据实际情况和命令行的提示在图形中拾取点来完成。图 5-7 为"两点均布"和"弧线均布"对话框。

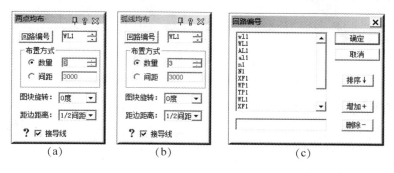

图 5-7　"两点均布"和"弧线均布"

(a)"两点均布"对话框;(b)"弧线均布"对话框;(c)"回路编号"对话框

以上五种布置方式的对话框中都有一个" 回路编号 "按钮和文本框,它的作用是控制所布置设备的回路归属,同时也为后续系统生成提供查询数据。点击" 回路编号 "会打开"回路编号"对话框,如图 5-7(c)所示。除了可以选择已有的回路名称外,还可以对回路编号进行排序、增加、删除等整理工作。点击" 确定 "则将对话框中下面文本框的内容返回上一级对话框。

5.1.5　其他布置方式

一般情况下灯具都布置在不靠墙的空间,也就是顶棚布置,只有少数的灯要靠墙布置,如:壁灯、指示灯。插座、开关、箱柜等设备都要沿墙布置。

1. 沿线

沿线布置有两个命令:" 沿线单布 "和" 沿线均布 "。

条件是有一条直线段、弧线段或墙段,在其上插入开关或插座等设备,插入时可动态控制插入方向。"单布"是在拾取点上插入设备,"均布"插入的结果是均匀布满整个线段或墙段。

点击天正主菜单 ➤ " 平面设备 " ➤ " 沿线均布 ",运行时只打开"设备选择"对话框。图 5-8 是"沿线均布"的过程。

执行"沿线均布"命令的命令行显示如下:

命令:*yxjb*   （ 沿线均布 命令）

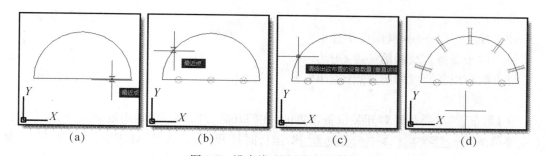

图 5-8 沿直线、沿弧线布置设备

(a)点选一直线段；(b)点选一弧线段；(c)切换为垂直；(d)完成两组布置

请选择已有设备块<从图库中选取>： （ 沿线均布 命令）

请拾取布置设备的墙线、直线、弧线(支持外部参照)<退出> （拾取直线段）

请给出欲布置的设备数量{垂直该线段[R]}<5>3 （输入在直线段上布置设备个数）

请拾取布置设备的墙线、直线、弧线(支持外部参照)<退出> （拾取弧线段）

请给出欲布置的设备数量{垂直该线段[R]}<3>R （输入参数 R，切换为垂直）

请给出欲布置的设备数量{平行该线段[R]}<3>5 （输入在弧线段上布置设备个数）

2. 沿墙

沿墙布置也有两个命令：" 沿墙布置 "和" 沿线均布 "。

条件是要有一段墙，沿一墙线插入电气设备(开关、插座)，图块的插入角度由墙线的方向而定。

这两个命令的操作基本上一样，只是插入设备的数量不一样，前者插入单个，后者则在选中的墙体段上，按照确定的数量均匀分布，与沿线布置类似。

3. 穿墙布置

穿墙布置命令" 穿墙布置 "的作用是在墙的两面布置插座。在指定的两点连线与墙的交点处插入电气设备(开关、插座)，两点连线通过的所有墙体上都插入一对设备，图块的插入角度由墙线的方向而定。

点击天正主菜单 ➤ " 平面设备 " ➤ " 穿墙布置 "，运行时打开"设备选择"对话框，同时打开"穿墙布置"对话框，如图 5-9 所示。在对话框中可以选择"单侧"或者"双侧"布置。

图 5-9 "穿墙布置"对话框

图 5-10 所示为"穿墙布置"命令的操作过程。

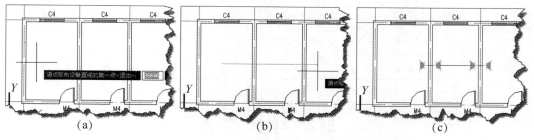

图 5-10 "穿墙布置"操作过程

(a)拾取第一点；(b)拾取第二点；(c)穿过两段墙体

命令：*cqbz*　　　　　　　　　　　　　　　　　　　　　　（⚡ 穿墙布置 命令）

请选择已有设备块<从图库中选取>：

请点取布设备直线的第一点<退出>：　　　　　　　　　　　（点选第一点）

请点取布设备直线的第二点<退出>：　　　　　　　　　　　（点选第二点）

4. 门侧布置

"门侧布置"主要是针对开关设备设置的，在门开启方向的一定距离处插入开关，点击天正主菜单 ➤"▼ 平面设备"➤"⚡ 门侧布置"，运行时打开"设备选择"对话框，同时打开"门侧布置"对话框，如图 5-11(c)所示。图 5-11 为"门侧布置"命令的操作过程。

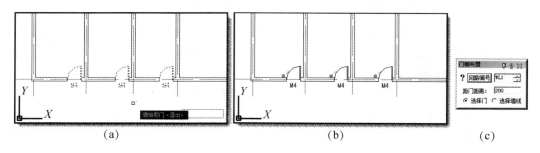

图 5-11　"门侧布置"操作过程

(a)选择门；(b)完成；(c)"门侧布置"对话框

可以用鼠标单个拾取图中的门，也可以用框选的方法选择，命令行内容如下：

命令：*MCBZ*　　　　　　　　　　　　　　　　　　　　　　（⚡ 门侧布置 命令）

请选择已有设备块<从图库中选取>：

请拾取门<退出> 找到 1 个　　　　　　　　　　　　　　　（鼠标拾取）

请拾取门<退出> 找到 1 个,总计 2 个　　　　　　　　　　（鼠标拾取）

请拾取门<退出> 找到 1 个,总计 3 个　　　　　　　　　　（鼠标拾取）

请拾取门<退出>

系统在插入设备时，会按照所插入设备的分类分层存放设备图块，具体分层见表 5-1：

表 5-1　设备及导线的存放

类别	设备层	导线层	标注层	导线颜色
照明	EQUIP-照明	WIRE-照明	DIM-照明	红色
动力	EQUIP-动力	WIRE-动力	DIM-动力	黄色
消防	EQUIP-消防	WIRE-消防	DIM-消防	浅蓝
通讯	EQUIP-通讯	WIRE-通讯	DIM-通讯	浅蓝
箱柜	EQUIP-箱柜	—	DIM-箱柜	—

5.2　导线布置

导线的作用就是在电气设备之间传递电流形成回路，在电气图纸中凡是有电气设备的地方就会有导线连接,所以在布置设备时导线与设备是分不开的。在工程上对导线的规格选择是有严格要求的。

　　布线就是布置、安放导线,在工程上称为线缆。在建设智能楼宇时需要先将动力线、照明线、网线、电话线、有线电视、消防、安防等信号线接入到每间房里方便使用,因此在布置线缆时是不能随随便便的。在实际布线中要遵循一定的标准,此标准就是结构化布线所要遵循的。只有按照一定的"结构化"来布线,才能在日后的工作中将故障发生的概率降到最低,也能加快维护和排查问题的速度。

　　导线有许多种类,综合产品的性能、结构和使用特点可分为:裸导线、绝缘电线、耐热电线、屏蔽电线、电力电缆、控制电缆、通信电缆、射频电缆等。

　　裸导线指没有外皮的导线,一般用于室外架空线路,特点是造价低和散热快,但安全系数差。其余种类的导线在建筑物中都会使用,选择使用时要遵循国家标准的规则和原则,比如:

　　• 进户线采用铜芯导线,普通住宅的截面积不应少于 $10mm^2$。中档住宅为 $16mm^2$,高档住宅为 $25mm^2$。

　　• 分支回路采用铜芯导线,截面不应小于 $2.5mm^2$。原来照明回路还可采用 $1.5mm^2$ 的铜芯导线,但据最新的相关规定,随着照明电器的发展,在 2000 年后,城市装修即使是照明回路也必须选用不小于 $2.5mm^2$ 的铜芯导线。

　　• 厨房卫生间电源插座回路用 $2.5mm^2$ 的铜芯导线。

　　• 空调回路宜选择 $4mm^2$ 的铜芯导线。

大功率电器如果使用截面偏小的导线,往往会造成导线过热、发烫,甚至烧融绝缘层,引发电气火灾或漏电事故,因此,在电气安装中,选择合格、适宜的导线规格是非常重要的。

　　天正电气主菜单 ► "▼ 导　线"子菜单列出了三组命令,如图 5-12 所示。第一组:导线布置的一般方式;第二组:引线的插入命令;第三组:导线的编辑与修改命令。

图 5-12　导线子菜单

5.2.1　基础知识

　　点击布线命令后系统会弹出"设置当前导线信息"对话框,如图 5-13 所示。根据需要选择布线的名称、回路编号、导线位置、连接方式,确定所布导线的基本信息。

图 5-13　设置当前导线信息

在布线之前有必要了解一下系统对平面导线的初始设置。点击对话框中的" 导线设置> "
按钮,打开"平面导线设置"对话框,如图 5-14 所示。

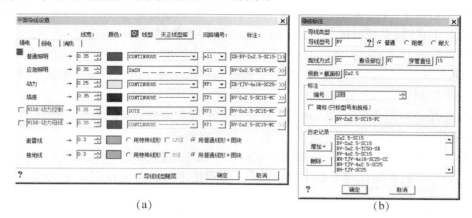

(a)   (b)

图 5-14　平面导线设置

(a)"平面导线设置"对话框;(b)"导线标注"对话框

系统定义了各类导线初始的基本信息,包括:线宽、颜色、线型、回路编号名称以及导线
的标注信息,除了导线的存放层不能改变,导线的其他属性都可以在这个对话框中进行修
改。点击"标注"旁边的" ⋗ "按钮,弹出"导线标注"对话框,这个对话框的内容要求使用者具
备一定的专业知识,比如导线的型号、配线方式、敷设位置等术语的解释,"根数×截面积"的
定义。下面简单介绍导线的基本知识。

1. 导线样式

图 5-15 为各类导线的样式。

图 5-15　导线的样式

2. 导线型号

常用的导线型号和名称见表 5-2。

表 5-2　常用的导线型号

型号	名称	型号	名称
LGJ	钢芯铝绞线	YJV22	6/10kV 铜芯电力电缆
LJ	铝绞线	BLV	450/750V 铝芯电缆
JKLY/Q	轻型铝芯架空绝缘线	YJV22	0.6/1kV 铜芯电力电缆
JKY	铜芯架空绝缘线	BV	450/750V 铜芯电缆
JKLGYJ/Q	加强型铝芯轻型架空绝缘线	BVR	450/750V 铜芯软电缆
YJLV22	6/10kV 铝芯电力电缆	YJLV22	0.6/1kV 铝芯电力电缆

用字母表示的型号很复杂,对初学者来说不可能很快就完全记住,但有些规律性的东西是可以掌握的。它们不是英文缩写,是汉语拼音的声母第一个字母。比如:

a:用途代码

"K"——控制电缆;

"C"——船用电缆;

"P"——信号电缆;

如省略——电力电缆。

b:导体材料代码

"L"——铝;

"G"——钢;

"LG"——钢芯铝绞线;

如省略——(T)铜。

c:绝缘代码

"V"——线外包有绝缘材料(聚氯乙烯 PVC);

"Z"——油浸纸;

"X"——橡胶;

"YJ"——聚氯乙烯护套。

d:护层代码

"Q"——铅包;

"H"——橡胶套;

"L"——铝包;

"V"——聚氯乙烯护套。

e:特征代号

"R"——软线,要使导线软,就得增加导体根数(截面积不变);

"B"——外形是扁形的导线;

"S"——双绞线,由若干条单根金属线按照一定的规律绞合成的导线。

f:额定电压,单位 kV。

3. 配线方式

配线方式指的是:将导线穿管布置或埋槽布置的方式,常用的配线标注方式见表 5-3。

表 5-3　常用的配线标注方式

代码	说明	代码	说明
SC	焊接钢管	M	用钢索
MT	电线管	PR	塑料线槽
PC-PVC	塑料硬管	CP	穿金属软管
FPC	阻燃聚氯乙烯硬管	CE	混凝土排管
CT	电缆桥架	RC	水煤气管
MR	金属线槽	DG	镀锌钢管

将绝缘导线穿入保护管内敷设,称为管子配线。这种配线方法安全,可避免腐蚀气体的侵蚀和遭受机械损伤,更换导线方便,因此,此种配线方法是目前采用最广泛的一种。管子配线工程的施工内容可分为两大部分,即配管(管子敷设)和穿线。

线槽配线就是先将线槽固定在建筑物上,然后再将导线敷设在线槽中的配线方式,它由槽底、槽盖及附件组成。线槽分金属线槽和塑料线槽两种类型。金属线槽多由厚度为0.4～1.5mm 的钢板制成,一般适用于正常环境(干燥和不易受机械损伤)的室内场所明敷设。其中具有槽盖的封闭式金属线槽,具有与金属管相当的耐火性能,可用在建筑物顶棚内敷设。

塑料护套线具有双层塑料保护层,即线芯绝缘为内层,外面再统包一层塑料绝缘护套,常用有 BVV 型、BLVV 型、BVVB 型和 BLVVB 型。塑料护套线配线主要用于住宅及办公等建筑室内电气照明等明敷线路,用铝皮线卡(钢精轧头)或塑料钢钉线卡将导线直接固定于墙壁、顶棚或建筑物构件的表面,但应避开烟道和其他发热表面,与各种管道相遇时,应加保护管保护且绕行,与其他管道间的最小距离不得小于规范规定。

根据敷设部位的不同,通常可将室内配线分为明敷设和暗敷设两种。明敷设指的是将绝缘导线直接敷设于墙壁、顶棚的表面及桁架、支架等处,或将绝缘导线穿于导管内敷设于墙壁、顶棚的表面及桁架、支架等处。暗敷设指的是将绝缘导线穿于导管内,在墙壁、顶棚、地坪及楼板等内部敷设或在混凝土板孔内敷设。室内常用配线方法有:瓷瓶配线、导管配线、塑料护套线配线、钢索配线等。

4. 敷设部位

敷设部位指的是:将导线布置在建筑物的部位,常用的敷设部位见表 5-4。

表 5-4 常用的敷设部位

代码	说明
DB	直埋
TC	电缆沟
BC	暗敷在梁内
CLC	暗敷在柱内
WC	暗敷在墙内
CE	沿天棚顶敷设
CC	暗敷在天棚顶内
SCE	吊顶内敷设
FC	地板及地坪下敷设
SR	沿钢索槽敷设
BE	沿屋架,梁敷设
WE	沿墙明敷设

由于室内配线方法的不同,技术要求也有所不同,无论何种配线方法必须符合室内配线的基本要求,即室内配线应遵循的基本原则。

- 安全——室内配线及电器、设备必须保证安全运行。
- 可靠——保证线路供电的可靠性和室内电器设备运行的可靠性。
- 方便——保证施工和运行操作及维修的方便。

- 美观——室内配线及电器设备安装应有助于建筑物的美化。
- 经济——在保证安全、可靠、方便、美观的前提下，应考虑其经济性，做到合理施工，节约资金。

可以看出敷设部位与配线方式是紧密相关的。要满足以上原则，需要学习其他课程的知识，才能做出合理的、科学的搭配方案。

5.2.2　平面布线

平面布线简单地说就是从电源（配电箱）开始，用导线将同一回路中的设备连接起来。因为电路只有在形成回路的情况下才能正常工作，所以考虑到一去一回的距离，天正系统在统计导线长度时会自动加倍。

1. 导线置上（下）

点击天正电气主菜单 ➤ "▼导　　线" ➤ "✐平面布线" 或 "┛沿墙布线" 弹出的对话框（如图 5-13 所示）中，要确定线路的类别和回路编号，导线位置是指当导线与设备相遇时三种情况的选择，如图 5-16 所示。

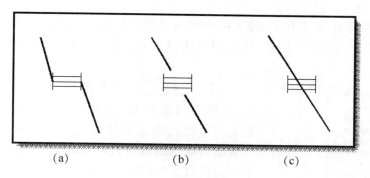

图 5-16　导线与设备的相对关系
（a）导线置上；（b）导线置下；（c）不断导线

图中（a）表示导线与"三管荧光灯"是连接的关系，而（b）和（c）表示的是没有连接关系。

2. 自由连线

"自由连线"选项关系到导线与设备连接时的连接点的位置，每一个电气设备在做成图块的时候已经确定了它的固定接线点，只有选择非自由连线，系统才会自动找到正确的连接点，如图 5-17 所示。

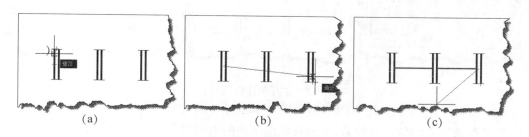

图 5-17　平面布线的过程
（a）任选设备上一点；（b）任选设备上的点；（c）完成正常连接

尽量不要选择"自由连线"方式,只有对个别情况进行特殊处理时才使用它。图 5-18 是两种方式的比较。左侧为自由连线方式(不规范),右侧为非自由连线方式(规范)。

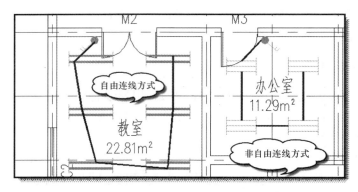

图 5-18 自由与非自由连线方式的比较

3. 开关连灯

有灯就得有开关,所以在平面图中的每个开关至少要连接一个灯具,天正电气命令中有一个专用工具"开关连灯"命令,仅选中照明设备后,点击鼠标右键,弹出快捷菜单,如图 5-19 所示。

图 5-19 照明设备快捷菜单

"<kbd>开关连灯</kbd>"命令的功用是:以照明设备为基础,在确定的范围内,为每个开关找到一个灯具,并将开关连接到距离最近的连接点上。命令的特点是:可以搜索到框选内的所有开关,适合于批量处理,操作简单。操作过程如图 5-20 所示。

命令行内容如下:

命令:kgld

请选择开关<退出>:指定对角点:找到 11 个

请选择开关<退出>:

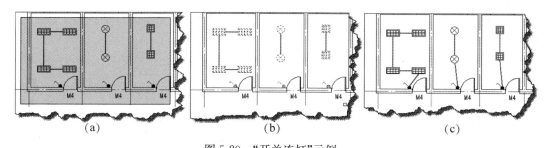

图 5-20 "开关连灯"示例一

(a)框选照明设备;(b)选中对象;(c)完成

但是如果设备的位置有偏差,注意有可能出现的遗漏现象,如图 5-21 所示。

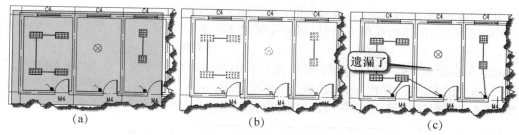

图 5-21　"开关连灯"示例二

(a)框选照明设备；(b)对象选中；(c)完成但有遗漏

4. 设备连接

"设备连接"也是一个可以批量处理的命令。"⚏ 设备连线"命令的功用是：以导线为基础，专用于排列比较整齐的同一类设备。操作方法如下：

选中导线后 ➤ 单击鼠标右键 ➤ 弹出快捷菜单 ➤ 选择"⚏ 设备连线"命令，一组消防设备的布线操作过程如图 5-22 所示。

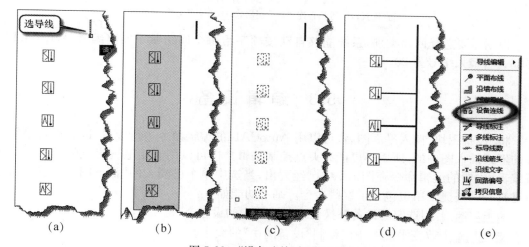

图 5-22　"设备连接"操作过程

(a)点选导线；(b)框选设备；(c)对象选中；(d)完成；(e)导线快捷菜单

命令行显示如下：

命令:sblx

请拾取一根要连接设备的直导线<退出>：

请选取要与导线相连的设备<退出>：指定对角点：找到 5 个

请选取要与导线相连的设备<退出>：

5. 引线

引线的作用是表示层与层之间的线路连接点，"引线"虽然不是电气设备，但也是电气图中不可缺少的，一般都布置在竖井处。

点击天正电气主菜单 ➤ "▼ 导　线" ➤ "↗ 插入引线"命令，弹出"插入引线"对话框，如图 5-23 所示。

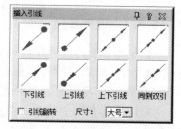

图 5-23　"插入引线"对话框

引线可以是单向的,也可以是双向的,上下引线:指的是引线即向上引,又向下引。

同侧引线:指的是引线单方向引,同时分配到该层使用。

6. 配电引出

配电引出命令是针对配电箱而言的,可从配电箱引出数根导线。点击"⌸ 配电引出"命令,拾取图中的配电箱,弹出"箱盘出线"对话框,如图 5-24(d)所示。有两种引出方式可以选择:直连式可以选择等长或不等长;引出式可以自定引出距离,如图 5-24 所示。

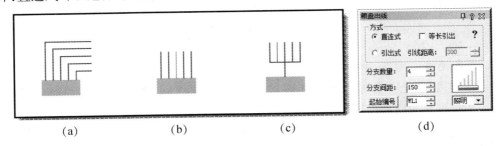

图 5-24 "配电引出"样式
(a)直连式;(b)等长直连式;(c)引出式;(d)"箱盘出线"对话框

根据需要选择回路类别,系统能够自动按顺序给每个回路赋予回路编号,WL1、WL2、WL3、…,最大编号为 20。

5.3 编 辑 设 备

将"设备图块"插入平面图后,可以用 AutoCAD 的编辑命令进行编辑,因为设备是以图块的形式插入图中的,所以不可能有夹点控制编辑。也可以用天正电气提供的编辑工具进行编辑,主要的编辑命令在图 5-1 中已经列出,当选中单个已插入的"设备图块",点击鼠标右键打开的快捷菜单也包含了这些命令。基本功能如下:

⌨ 设备替换:用选定的设备替换已绘制到图中的设备。

⊗ 设备缩放:改变平面图已绘制"设备图块"的大小。

⫲ 设备旋转:将已绘制到图中的"设备图块"旋转至指定的方向。

❁ 设备翻转:将平面图中的设备沿其对称轴方向作镜像翻转。

✛ 设备移动:移动平面图中的"设备图块"。

✐ 设备擦除:擦除平面图中的"设备图块"。

⚡ 改属性字:修改"设备图块"的属性文字。

✒ 图块刷:可将源图块的图层、颜色、比例、旋转角度、块名称等信息复制到目标图块。

5.3.1 设备替换

在修改图纸的过程中经常需要将一插入的设备图块改为其他的设备图块,改动甚至可能是批量的,如果用删除重画的办法,显然不是计算机的强项,如果使用"⌨ 设备替换"命令处理,则肯定会得到事半功倍的效果。具体方法如下:

点击天正电气主菜单 ▶"▼ 平面设备 " ▶"⌨ 设备替换"命令,在弹出的"天正电气图块"对话框中选取新设备,按照命令行提示选取图中被替换的设备。图 5-25 所示为将 8 个"普通灯"批量替换为"双管荧光灯"的操作过程。

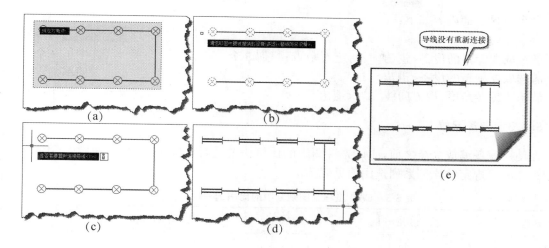

图 5-25　设备替换过程

(a)框选被替换的设备；(b)结束选择；(c)是否替换所有同名设备；(d)完成；(e)没有重新连接导线的结果

命令行显示的内容如下：

命令：*sbth*　　　　　　　　　　　　　　　　　　（ 设备替换 命令）

请选择已有设备块<从图库中选取>：　　　　　　（框选或单选对象）

请选取图中要被替换的设备*(多选)*<替换同名设备>：指定对角点：找到 8 个

　　　　　　　　　　　　　　　　　　　　　　　（显示选中个数）

请选取图中要被替换的设备*(多选)*<替换同名设备>：　（回车确定）

是否需要重新连接导线<Y>：　　　　　　　　　　（回车确定）

注意命令的执行过程中的提示：是否需要重新连接导线<Y>。如果回答"N"则导线不会重新连接，结果如图所示。图 5-25(e)的结果是不符合电气平面图要求的。

5.3.2　设备旋转

有一些设备是有方向的，例如图 5-26 中的"双管荧光灯"需要旋转 90°，操作过程如下：

点击天正电气主菜单 ▶ " ▼ 平面设备 " ▶ " 设备旋转 "命令，没有对话框操作。直接选择需要旋转的设备图块，回答命令行的提示：请输入旋转角度"取方向线[L]"即可。可以直接输入旋转角度，也可以用鼠标点选两个点确定新的方向，系统默认 X 轴的正方向为 0°（向右）。

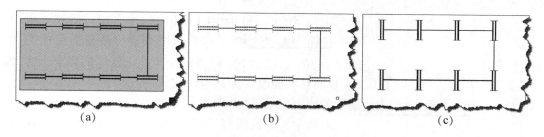

图 5-26　设备旋转过程

(a)框选要旋转的设备；(b)确定选择；(c)完成

命令行显示的内容如下：

命令：*sbxz*　　　　　　　　　　　　　　　　　　　　　（⚙ 设备旋转　命令）

请选取要旋转的设备<退出>：指定对角点：找到 8 个　　　　（选中了 8 个）

请选取要旋转的设备<退出>：　　　　　　　　　　　　　　（回车确定）

请输入旋转角度{取方向线[L]}<退出>：90　　　　　　　　（键盘输入旋转角度）

5.3.3 设备缩放

在使用设备缩放命令之前，应该先将图纸的比例讲清楚，《CAD 工程制图规则》（GB/T 18229—2000）规定的比例系列选用值见表 5-5。

表 5-5 CAD 工程制图规则中的比例选用标准

种类	优先使用的比例			允许选用的比例				
原值比例	1:1							
放大比例	$5:1$ $5 \times 10^n : 1$	$2:1$ $2 \times 10^n : 1$ $1 \times 10^n : 1$	$4:1$	$2.5:1$				
缩小比例	$1:2$ $1:2 \times 10^n$	$1:5$ $1:5 \times 10^n$	$1:10$ $1:10 \times 10^n$	$1:1.5$ $1:1.5 \times 10^n$	$1:2.5$ $1:2.5 \times 10^n$	$1:3$ $1:3 \times 10^n$	$1:4$ $1:4 \times 10^n$	$1:6$ $1:6 \times 10^n$

注：n 为正整数。

在 CAD 系统中的计算公式应该是：

$$比例 = \frac{模型空间的单位长度}{布局空间的单位长度}$$

在模型空间绘图是采用 1:1 的比例完成的，比如第四章绘制的墙体、门窗、楼梯等，都是按照实物的真实大小尺寸绘制的。但是工程图的组成不仅仅是实物的几何图形，还有尺寸标注、文字注释，以及图标符号等内容，所以实物以外的内容就要放大相应的比例，这样才能在布局空间，或者是通过绘图机、打印机将图输出到的图纸上，看到比例合适的工程图。

在第二章讲到了国标规定字体高度（h）的公称尺寸系列为 3.5mm、5mm、7mm、10mm、14mm、20mm，这里的字高（h）是对图纸而言的，也就是适用于布局空间。如果在模型空间中输入文字，则需要将字高（h）除以选用的比例系数。建筑工程图默认的比例为 1:100。所以天正绘图系统制作的尺寸标注、文字注释、设备图块等内容的比例也是 1:100。

第一章的图 1-8 给出的天正电气平台窗口的左下角，有一个按钮"比例 1:100 ▼"，可以在选择列表中改变当前比例，如图 5-27 所示。当切换到布局空间时，显示的默认比例为 1:1，而且不能改变为其他。这说明在天正环境里，模型与图纸的比例就是 1:100。

对初学者来说很容易误认为改变的是模型空间的绘图比例。

实际上改变比例后，对原有的图形没有任何改变，后续

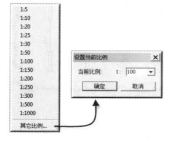

图 5-27 设置当前比例

绘制的墙体、门窗等元素也不会有变化,只是对后续的尺寸标注、文字插入、设备插入等元素起到了改变大小的作用。如图 5-28 所示,文字的高度均定为 3.5,设备图块的比例也是一样的,效果是相差一倍。

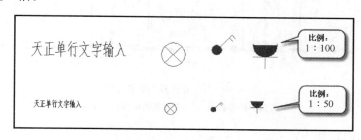

图 5-28　改变比例的比较

"⊗ 设备缩放"命令可以将已插入的设备图块按比例放大和缩小。以图 5-28 为例,将比例为 1︰50 状态下插入的设备放大。点击天正电气主菜单 ➤ "▼ 平面设备" ➤ "⊗ 设备缩放"命令,操作过程如图 5-29 所示。

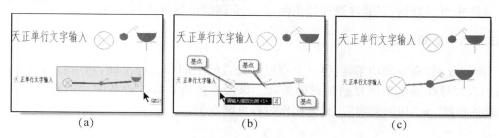

(a)　　　　　　　　　(b)　　　　　　　　　(c)

图 5-29　"设备缩放"过程
(a)框选设备图块;(b)输入缩放比例;(c)缩放完成

命令行显示的内容如下:

命令:sbsf　　　　　　　　　　　　　　　　　　　　　　　(⊗ 设备缩放命令)

请选取要缩放的设备<缩放所有同名设备>:指定对角点:找到 3 个　　　(框选设备)

请选取要缩放的设备<缩放所有同名设备>:　　　　　　　　　　　　(回车确定)

请输入缩放比例<1> 2　　　　　　　　　　　　　　　　(输入缩放比例后回车)

从缩放过程可以看出:3 个设备不是以统一的基点进行缩放,而是以各自的基点都放大了 2 倍。如果被缩放的设备已连接了导线,缩放后导线会自动重新连接。

5.3.4　设备移动

这里说的不是简单的移动,而是移动已经被导线连接起来的设备。如图 5-30(a)所示,需要将图中的开关从门的一边移动到门的另一边。

点击天正电气主菜单 ➤ "▼ 平面设备" ➤ "✛ 设备移动"命令,操作过程见图 5-30。

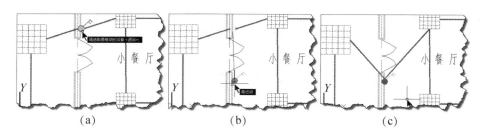

图 5-30 "设备移动"操作过程

(a)选中移动设备;(b)拉到新的位置;(c)完成

命令行显示内容如下:

命令:sbyd

（⊕ 设备移动 |命令）

请选取要移动的设备<退出>:

（鼠标拾取）

点取位置或［转 90 度(A)/左右翻(S)/上下翻(D)/对齐(F)/改转角(R)/改基点(T)］
<退出>:

（鼠标点选）

从图中可以看到,只要导线连接正确,一定会跟随设备变化到新的位置。

5.3.5 房间复制

"房间复制"命令的功用是:将一个布置好设备的房间作为标准间,利用复制段方法,将设备图块即导线连接整体复制到其他房间。该命令的位置处于设备图块的右键快捷菜单 ➤"设备布置"➤"房间复制"。具体操作过程见图 5-31。

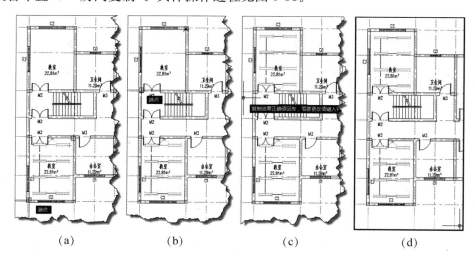

图 5-31 "房间复制"操作过程

(a)拾取样板房间;(b)确定目标房间;(c)观察结果是否正确;(d)完成

该命令类似于 AutoCAD 的"镜像"和"复制"的效果。命令中会弹出"复制模式选择"对话框,如图 5-32 所示。可以根据具体情况进行多次选择,直到满意为止。

命令:fjfz

（⊡ 房间复制 |命令）

请输入样板房间起始点:<退出>

（鼠标拾取）

请输入样板房间终点:<退出>　　　　　　（鼠标拾取）

请输入目标房间起始点:<退出>　　　　　　（鼠标拾取）

请输入目标房间终点:<退出>　　　　　　（鼠标拾取）

复制结果正确请回车,需要更改请键入 Y<确定> :

　　　　　　　　　　　　　　　　　　（观察判断）

请输入目标房间起始点:<退出>　　（开始下一个任务）

图 5-32　"复制模式选择"对话框

5.3.6　造设备

虽然天正电气的设备图库中预设了大量的设备图块,但是在实际工作中遇到图库中没有的新设备符号、特殊设备的符号总是难免的,这就需要使用"造设备"命令,用增加或修改后另存的方法来完善设备库的内容。

实际上"天正图库管理系统"本身就是一个开放的系统,点击天正电气主菜单 ➤ " ▶ 设　置" ➤ " 图库管理"命令可以打开"天正图库管理系统"对话框。

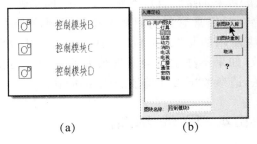

(a)　　　　　　(b)

图 5-33　造设备

(a)新的设备符号;(b)"入库定位"对话框

在执行"造设备"命令之前,首先应该对新设备符号的大小进行调整,库中设备图块在图中的大小统一在 500×500 以内(参见图 1-27 中的"设备块尺寸"),文字高度一般为 350(单位 mm)。当然这是在当前比例定为 $1:100$ 时的尺寸,如果造设备命令是在当前比例改为 $1:1$ 状态执行,则新设备符号的尺寸也应该缩小 100 倍,才能保证在统一的 $1:100$ 比例状态下的正确比例。

图 5-33(a)中有 3 个库中没有的符号,用 " 造设备"命令做成设备图块并入库的过程如图 5-34 所示。

在图 5-34 的操作过程中选择了一个符号,它是由 1 个四边形和 2 个字母组成,图 5-34(b)确定下沿中点为插入点,图 5-34(c)确定四边的中点为 4 个连接点,回车后弹出"入库定位"对话框,如图 5-33(b)所示。将新设备命名后存放在"开关"库中,点击 " 新图块入库"退出,此时就可以在"天正电气图块"对话框中查找到新入库的设备图块了。因为这个新设备属于开关类,所以插入后与其他开关同在"EQUP-照明"图层中。完成后插入了 2 个新设备作为比较。

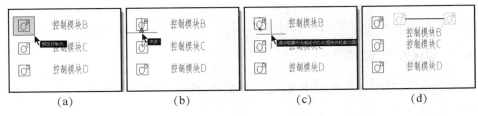

(a)　　　　　　(b)　　　　　　(c)　　　　　　(d)

图 5-34　"造设备"操作过程

(a)框选新设备符号;(b)确定插入点;(c)确定连接点;(d)完成后插入一对

命令行内容如下：

命令：*zsb* 〔造设备 命令〕

请选择要做成图块的图元<退出>：指定对角点：找到 3 个 （框选）

请选择要做成图块的图元<退出>： （回车确定）

请点选插入点<中心点>： （自动拾取）

请点取要作为接线点的点 (图块外轮廓为圆的可不加接线点)<继续>：

（拾取第一个连接点）

请点取要作为接线点的点 (图块外轮廓为圆的可不加接线点)<继续>：

（拾取第二个连接点）

请点取要作为接线点的点 (图块外轮廓为圆的可不加接线点)<继续>：

（拾取第三个连接点）

请点取要作为接线点的点 (图块外轮廓为圆的可不加接线点)<继续>：

（拾取第四个连接点）

请点取要作为接线点的点 (图块外轮廓为圆的可不加接线点)<继续>： （回车确定）

图 5-35 "编辑导线对话框"

使用造设备命令时经常遇到的问题是比例问题，这是因为一般情况下图块使用的是"无单位"，而图面上使用的是1：100的毫米单位，如果不注意就会出现很大的差距。还有另一种简单的方法，请参考"6.2.4 造消防块"的内容。

5.4 导 线 编 辑

在 5.1 节和 5.2 节中各命令的操作基本上都与导线有关，本节主要介绍如何使已绘制的导线满足工程图的要求，因为在 CAD 工程中，导线不仅仅是设备模块之间的连接和回路的表达，还要体现出各回路之间的不同功用、不同的规格型号、不同的配线方式、不同的敷设位置等。

天正电气环境里的导线不是常规的直线属性，具有"多段线"（PLINE）的属性，对一段导线执行"编辑导线"命令，或者用鼠标双击该导线时，弹出的对话框如图 5-35 所示。这里的信息一般来说是系统默认的，参见图 5-14 所示。在实际绘图中对每个回路的导线都应该重新编辑，点击对话框中的"导线标注》"按钮，可以打开"导线标注"对话框，如图 5-14（b）所示。

导线编辑的其他命令参见图 5-12"导线子菜单"的下半部分，或右键快捷菜单。

5.4.1 导线置上、置下

这两个命令的功用是：将在图中交叉（不相交）的两根导线，用断开和不断开的方式表现出来。如图 5-36 所示。

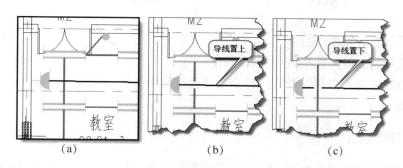

图 5-36 导线置上与置下

(a)两导线空间交叉；(b)导线置上；(c)导线置下

只有在图(a)的情况下，这两个命令才起作用，如果已经是图(b)或图(c)的状态，只能使用其他命令来改变状态。"导线置上"命令执行时命令行的显示如下：

命令：dxzs   （ 导线置上 命令）

请选取导线<退出>：找到 1 个   （鼠标拾取）

请选取导线<退出>：   （回车确定）

"导线置下"命令还有另外一个功用，当导线与设备处于空间交叉状态时，如图 5-37(a)所示。

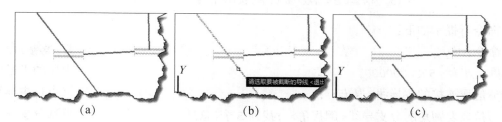

图 5-37 导线与设备交叉时"导线置下"的操作

(a)导线与设备交叉；(b)选中导线；(c)完成

命令行提示如下：

命令：dxzx   （ 导线置下 命令）

请选取要被截断的导线<退出>：找到 1 个   （鼠标拾取）

请选取要被截断的导线<退出>：   （鼠标拾取，结束）

图中导线断开的距离是由系统默认值(225)决定的，参见图 1-27 中的"导线打断间距"选项。

5.4.2 断导线

"断导线"命令可以将一段导线从中间断开，或断去一端变短，相当于 AutoCAD 的"打断"命令（ ）和"打断于点"命令（ ）。可以用于"导线置上"或"导线置下"命令处理后不够完善的地方。

命令行提示如下：

命令:*ddx* （ 断导线 命令）

请选取要打断的导线<退出>： （鼠标拾取）

再点取该导线上另一截断点<导线分段>： （鼠标拾取，结束）

断开的两段导线可以用"导线连接"命令再连接起来。但"导线连接"命令不可以连接任意的两段导线。

5.4.3　导线圆角

"导线圆角"命令可以将一根主导线与若干根分支导线的连接绘制成圆角连接操作过程如图 5-38 所示。根据主导线的方向可有左、右两个方向的连接方式[见图 5-38(b)、(c)]，最右边的分支导线为两种连接方式的分界线。

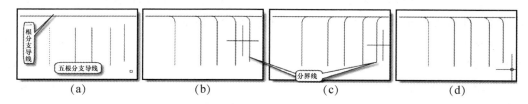

图 5-38　主线与分支倒圆角

(a)点选主导线和分支导线；(b)向左连接；(c)向右连接；(d)完成向左连接

命令行提示如下：

命令:*dxyj* （ 导线圆角 命令）

圆角半径=500.000000 （保留的半径值）

请拾取连接的主导线<退出>： （点选主导线）

请拾取要圆角的分支导线<倒拐角>：找到 5 个，总计 5 个 （框选分支导线）

请拾取要圆角的分支导线<倒拐角>： （回车确定）

请输入倒角大小(0 为导线延长)：1000 （输入新半径值）

5.4.4　虚实转换

导线的线型多数是连续的，工程图规定应急照明线用虚线表示。如果需要改变线型可以使用" 虚实变换 "命令进行操作。选中导线 ➤ 打开右键快捷菜单 ➤ 导线编辑 ➤ 点击"虚实变换"命令。命令行提示如下：

命令:*xsbh* （ 虚实变换 命令）

请输入线型{1:虚线 2:点画线 3:双点画线 4:三点画线}<虚线> 1 （输入选择）

根据需要选择参数(1～4)后回车完成。如果线型显示不明显，应该用"线型比例"命令调整，命令行提示如下：

命令:*xxbl* （ 线型比例 命令）

请输入线型比例<1> 3 （输入选择）

5.4.5　其他编辑方法

1. 夹点控制

前面提到"导线"具有多段线（PLINE）的属性，可以利用夹点控制来编辑导线的位置，如图 5-39 所示。

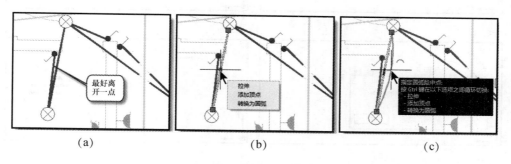

图 5-39　编辑导线演示

(a)两导线很近；(b)多段线夹点功能；(c)按"Ctrl"循环

这个功能是 AutoCAD 的基本功能，用来调整导线的位置很方便。按"Ctrl"循环选择编辑方式，用鼠标左键确定新位置。

2. 连接导线

导线的拐角可以用 AutoCAD 的"倒角"（▱）或"圆角"（▱）命令处理。这样还可以保证导线的完整性。如图 5-40(a)所示。

在布置导线的过程中，难免图面上比较杂乱，为了顺利完成某一回路，可以先使用"不断导线"的方式连接设备，在导线比较密集之处，用"导线置下"命令断开导线时，尽量不要断开转弯的导线。如图 5-40(b)所示。

3. 特性匹配

"格式刷"命令（AutoCAD）就是将元素 A 的属性赋予元素 B。利用这个功能可以将不是一次完成的导线进行属性匹配，为标注统计做好准备工作。天正电气的设备右键快捷菜单中也有一个类似此功能的命令"▨ 图块刷"，只对图中的天正电气设备图块起作用。

4. 拷贝信息

天正电气绘制的导线都存放在规定的图层

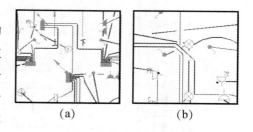

图 5-40　导线密集处的处理

(a)拐角的处理；(b)交叉的处理

内，但是用其他命令绘制的图线没有导线的信息，如果希望将这些线段转换为导线，可以使用导线的右键快捷菜单中的"▨ 拷贝信息"命令实现。如图 5-41 所示。

命令每次执行可以复制多个线段，只能用鼠标单个点选，不可以框选。图(c)的圆弧不合法的原因是普通圆弧，必须转换成"多段线"方可复制；图(b)为普通直线不必转换。

命令行提示如下：

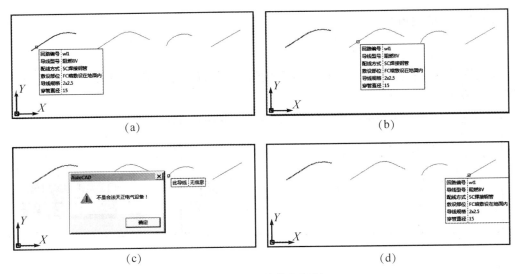

图 5-41　导线信息复制

(a)读取导线信息；(b)Pline 线复制成功；(c)普通圆弧复制不成功；(d)普通直线复制成功

命令：kbxx　　　　　　　　　　　　　　　　　　 （ 🖱 拷贝信息 命令）

请选择拷贝源设备或导线 (左键进行拷贝, 右键进行编辑)<退出>　　（点取导线）

请选择拷贝目标设备或导线 (右键进行编辑)<退出>　　　　　　（点取非导线）

5.5　标 注 统 计

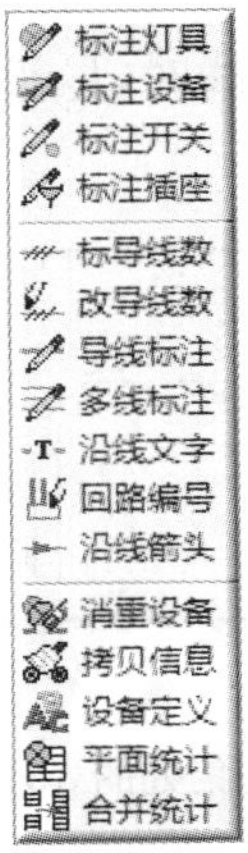

　　标注的目的就是让图更容易被看懂,将一些用图形表达不出来的信息,用标注的形式表达在图纸上,是工程技术人员必须掌握的技能,其基本要求是:清晰、合理、正确。

　　平面图的标注内容包括:导线、设备的型号、规格、数量等信息,天正电气是将这些信息附加在导线和设备元素上,以备统计之用。如果希望在造统计表时能得到比较准确和尽可能详细的信息,就应该在进行标注时遵守规则,保证信息准确、详细、完全。每一种设备只需标注一次,一般最前面的数字表示该种设备的个数。天正电气主菜单中的"标注统计"子菜单如图 5-42 所示。

　　在插入设备图块和布线的过程中,一般是忽略了信息的导入,大部分数据信息均使用了系统的默认值,所以在正式标注之前,要对图中所有设备和导线进行参数赋值,避免遗漏。所以要先介绍"设备定义"命令。

图 5-42　"标注统计"子菜单

5.5.1　设备定义

　　"设备定义"命令的功用是:对平面图中的各类设备进行统计,并以对话框的形式列出,在对话框中修改或重新赋值,确定后将数据信息附加到相应的设备图块上。

　　点击天正电气主菜单 ➤ " ▼ 标注统计 " ➤ " 🅰 设备定义 "命令,弹出"定义设备"对话框,如图 5-43所示。

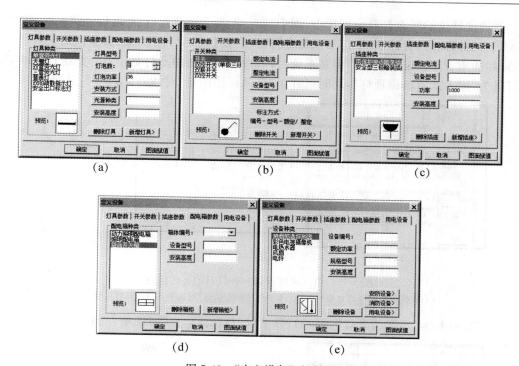

图 5-43 "定义设备"对话框
(a)灯具参数;(b)开关参数;(c)插座参数;(d)配电箱参数;(e)用电设备

对话框以标签的形式列出了五类设备的清单,说明当前图纸上已插入了这些设备,但是设备参数信息是不完整的,可以在个标签中的各项文本框中添加设计说明书中必要的参数信息。点击" 确定 "按钮,数据信息会保存在当前文件中,但没有改变已插入的相应的设备图块参数,只有点击" 图面赋值 "按钮,则已插入的设备图块才接受了新的参数信息。

"设备定义"命令应该在所有标注命令之前完成,这样可以保证标注命令一次完成,因为"设备定义"命令不能改变已经完成的各项标注文本,标注命令也没有定义设备的功能,只是将标注数据附加在被标注的灯具上,如果再插入同名设备,其信息也是相同的。

5.5.2 标注灯具

"标注灯具"命令只需执行一次,即可将整张图内的所有灯具按种类顺序标注。具体操作过程如图 5-44 所示。

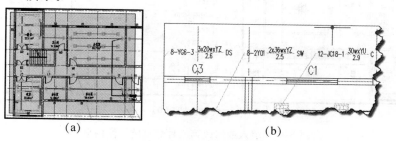

图 5-44 "标注灯具"命令演示
(a)框选设备;(b)标注结果放大显示

框选区域内的所有灯具将被选中,图中共有:8 盏三管荧光灯、8 盏双管荧光灯和 12 盏嵌入式方格栅顶灯,合计 28 个灯具。命令行显示"找到了 54 个"对象,其中包括了其他电气设备,如插座、开关、配电箱等。但是系统可以自动筛选,去掉非灯具设备。系统找到的第一种灯具为"嵌入式方格栅顶灯",同时打开了"灯具标注信息"对话框。如图 5-45 所示。

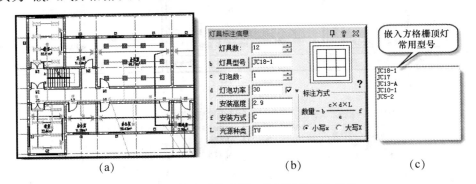

(a)   (b)   (c)

图 5-45 填入或修改第一种灯具的标注信息
(a)系统将第一种灯具变为红色;(b)"灯具标注信息"对话框;(c)灯具常用型号

第二种灯具为"三管荧光灯",同时打开了"灯具标注信息"对话框。如图 5-46 所示。

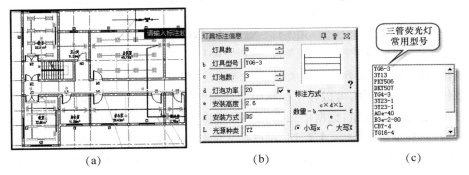

(a)   (b)   (c)

图 5-46 填入或修改第二种灯具的标注信息
(a)系统将第二种灯具变为红色;(b)"灯具标注信息"对话框;(c)灯具常用型号

第三种灯具为"双管荧光灯",同时打开了"灯具标注信息"对话框。如图 5-47 所示。

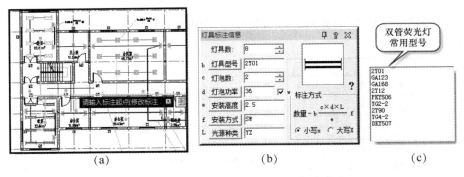

(a)   (b)   (c)

图 5-47 填入或修改第三种灯具的标注信息
(a)系统将第三种灯具变为红色;(b)"灯具标注信息"对话框;(c)灯具常用型号

在"灯具标注信息"对话框中点击"灯具型号"按钮,可以选到该种灯具的常用型号。命令行提示如下:

命令:bzdj （标注灯具命令）

请选择需要标注信息的灯具:<退出> 指定对角点:找到 54 个 （框选到 54 个对象）

请选择需要标注信息的灯具:<退出> （键盘回车或鼠标右键）

请输入标注起点{修改标注[S]}<退出> : （可以修改标注信息 1）

请给出标注引出点<不引出> : （鼠标拾取标注引出点）

请输入标注起点{修改标注[S]}<退出> : （可以修改标注信息 2）

请给出标注引出点<不引出> : （鼠标拾取标注引出点）

请输入标注起点{修改标注[S]}<退出> : （可以修改标注信息 3）

请给出标注引出点<不引出> : （鼠标拾取标注引出点）

请选择需要标注信息的灯具:<退出> : （键盘回车或鼠标右键结束）

5.5.3 标注插座

"标注插座"命令的功用是对图中的所选插座进行参数信息的输入,并用引线的方式进行标注。

点击天正电气主菜单 ➤ " ▼ 标注统计 " ➤ " 标注插座 ",弹出"插座标注信息"对话框,用鼠标选中一个插座后,就可以在对话框中输入参数信息,如图 5-48 所示。

此命令仅提供单个标注功能,没有统计功能,而且只限于插座设备。

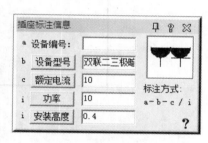

图 5-48 "插座标注信息"对话框

5.5.4 标注设备

"标注设备"命令的功用是对图中的用电设备进行标注,包括:动力、消防、通讯、网络等类别的强电或弱电设备,但不包括灯具、插座、开关设备。同时将标注数据附加在被标注的设备上。

点击天正电气主菜单 ➤ " ▼ 标注统计 " ➤ " 标注设备 ",弹出"用电设备标注信息"对话框,用鼠标选中一个用电设备后,就可以在对话框中输入参数信息,如图 5-49 所示。

图 5-49 "用电设备标注信息"对话框

(a)弱电设备;(b)强电设备

121

5.5.5 单线标注

在 5.2.1 节中介绍了一些关于导线的基础知识,如导线的型号、配线方式、敷设部位等,本节主要讲解如何将这些信息按照国标规定的格式标注在工程图纸上。

1. 国标规定的格式

统一格式:回路编号-特性-型号-根数×截面积-配线方式 穿管直径-敷设部位

为了让导线的标注清晰可见,有两种常见的标注方式:

(1)引线标注:从标注的导线拉出,到图纸的空白处标注导线信息;

(2)沿线标注:沿导线方向,在导线旁边进行标注。

2. 标注方法

点击天正电气主菜单 ➤ "▼标注统计" ➤ "✐导线标注",用鼠标拾取导线后:①拉到空白处用鼠标左键确认标注文字落点;②鼠标不动,敲空格键、回车键或鼠标右键。可以得到不同的标注方式。如图 5-50 所示。

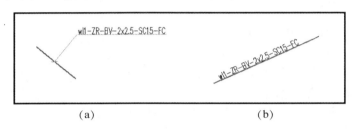

(a)   (b)

图 5-50 导线标注演示

(a)引线标注;(b)沿线标注

命令行显示如下:

命令:dxbz   (✐导线标注 命令)

请选择导线(左键进行标注,右键进行修改信息)<退出>   (鼠标左键拾取导线)

请给出文字线落点<退出>:   (①或②操作)

如果在命令行提示选择导线时,用鼠标右键点击导线,则弹出"导线标注"对话框,如图 5-14(b)所示。但此时对话框中可以参考的数据就是当前所点取导线的数据信息,而不是系统默认的数据。可以在对话框中进行修改,点击"确定"按钮后继续标注。

如果需要修改一段导线的标注,可以利用本命令进行再次标注,不需删除已有的标注,如图 5-51 所示。

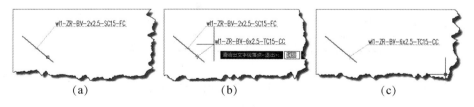

(a)   (b)   (c)

图 5-51 修改导线标注演示

(a)用鼠标右键点击标注过的导线;(b)为修改后的数据选标注位置;(c)替换了原有标注

注意:本命令只能替换掉引导线的线标注,如果原有的标注为沿线标注,则不能自动删除。但是可以用鼠标左键双击该标注,弹出"编辑导线标注"对话框进行修改。如图 5-53 所示。

5.5.6　多线标注

1.标注

"多线标注"命令适合于排列比较整齐的导线标注。例如从配电箱中引出的一组导线,演示过程如图 5-52 所示。

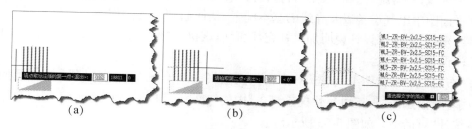

(a) (b) (c)

图 5-52　"多线标注"过程演示

(a)取标注线的第一点;(b)取标注线的第二点;(c)选标注文字的落点

命令行提示如下:

命令:ddxb　　（✐ 多线标注　命令）

请点取标注线的第一点<退出>:(拾取第一点)

请拾取第二点<退出>:　　　　　(拾取第二点)

请选择文字的落点[简标(A)]:(选定文字位置)

注:"简标"的意思就是只标出回路编号。

2.修改

"多线标注"的结果是一组导线标注的组合,用鼠标左键双击"多线标注"的结果,则弹出"编辑导线标注"对话框,如图 5-53 所示。在这个对话框中可以对组中的每一根导线的参数进行修改,包括:文字高度、文字样式等。

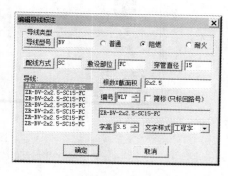

图 5-53　"编辑导线标注"对话框

图 5-54　"标注"对话框

5.5.7　导线根数

在布置导线时可能没有注意所布导线的根数,实际上系统是根据所选"根数×截面积"选项中数据来确定导线根数的,如果没有改动,则用的是系统默认值。如果需要标注出某一段导线的根数,点击天正电气主菜单 ➤"▼ 标注统计"➤"⚏ 标导线数"命令,弹出"标注"对话框。如图 5-54所示。

在这个对话框中选择根数后,拾取要标注的导线,即可完成(单选标注),如果选择"多线标注",则需要最后确定。如果对同一段导线重复执行此命令,系统总是将最后一次的根数赋给该段导线。如果用"编辑导线"命令更改了导线的根数,会自

123

动刷新所标注的根数。

如果在"选项"对话框（参见图 1-27）中"标导线数"选项为"斜线数量表示"时，三根以下（包括三根）的标注是使用短斜线表示的。

5.5.8 平面统计

"平面统计"命令的功用是：统计平面图中的设备数据，可以是整张图纸，也可以是图中的某一个区域，并将统计到的数据以材料统计表的形式绘制在图中。从设备统计表中可以查看到平面图中电气设备以及导线的基本配置，从而起到检查的作用。如果发现某些设备的信息不全，需要根据设计说明加以补充，此时应该执行"设备定义"命令（参见图 5-42），完成必须的设备定义内容。

在"布局"空间的"图纸"状态下，点击天正电气主菜单 ► "▼ 标注统计" ► "图 平面统计"命令，或者直接点击"天正电气快捷工具条"中的"图"工具按钮，确认统计范围后会弹出"平面设备统计"对话框。如图 5-55 所示。

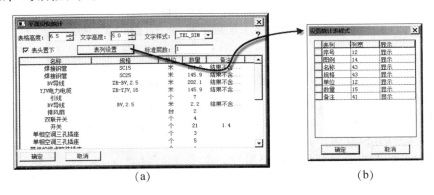

(a)   (b)

图 5-55　平面统计
(a)"平面设备统计"对话框；(b)"表列设置"对话框

在对话框中可以修改表格的高度、字体的高度以及文字样式。对话框中的"表格高度"指的是每行高度。点击"　表列设置　"按钮，可以打开"设置统计表样式"对话框，这里列出了表格的初始设置，总宽是 180mm。可以根据输出的要求进行调整，表格生成后可以修改。

统计表中所列出的内容有：导线套管、导线、用电设备、消防设备、通讯设备、动力设备、照明设备、配电设备等。一般情况下设备统计表应该绘制在标题栏的上方，或者放在图纸的左下角，应该勾选"表头置下"，如果作为单独的图纸输出则表头置上。在"2.1.1 图纸的组成"一节中已明确说明：统计表格应该放在布局空间中。

点击图 5-55(a)"平面设备统计"对话框中的"　确定　"按钮，在图纸上点选表格的插入点，完成统计表生成。

命令行提示如下：

命令:pmtj

请选择统计范围[按楼层统计(A)/选取闭合 PLINE(P)]<整张图>

点取表格左上角位置

或[参考点(R)]<退出>：

注意：如果选择"表头置上"，则插入点为表格的左上角。

图 5-56 为绘制到 A4 图纸的设备统计表。制作 A4 图纸的操作过程如下：

电气设备统计表

序号	图例	名称	规格	单位	数量
1		照明配电箱	ZQF-20	台	4
2		声光控制灯		盏	1
3		普通灯	HX7-2/40 40W	盏	6
4		荧光花吊灯(非标)		盏	4
5		防水防尘灯		盏	7
6		半壁式吸顶灯(非标)		盏	11
7		单相空调三孔插座		个	3
8		单相空调三孔插座		个	3
9		带保护接点暗装插座		个	1
10		带保护接点密闭插座		个	6
11		厨房用安全型插座		个	8
12		厨房排油烟机插座		个	3
13		热水器专用插座		个	3
14		安全型双联二三极暗装插座		个	30
15		双联开关		个	4
16		开关		个	20
17		开关	10A	个	1
18		排风扇		台	2
19		BV导线	ZR-BV,2.5	米	202.1
20		YJV电力电缆	ZR-YJV,16	米	145.9
21		引线		米	7
22		BV导线	BV,2.5	米	2.2
23		焊接钢管	SC15	米	101.2
24		焊接钢管	SC25	米	145.9

图 5-56　设备统计表

1. 添加布局

按照 2.2 节所叙，添加一个 GB_A4 的布局。

2. 页面设置

- 点击下拉菜单 ➤ "文件" ➤ "【页面设置管理器(G)...】"，打开"页面设备管理器"对话框，如图 5-57(a)所示；

- 点击"【修改(M)...】"按钮，打开"页面设置"对话框，如图 5-57(b)所示；

- 在"打印机/绘图机"选区的下拉列表中选择"DWF6 ePlot. pc3"或"DWG TO PDF. pc3"，点击"【特性(R)】"打开"绘图仪配置编辑器"对话框，如图 5-57(c)所示；

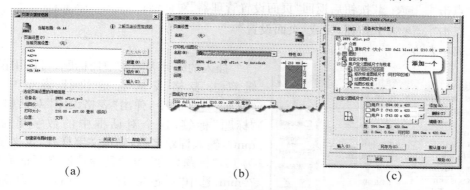

(a) | (b) | (c)

图 5-57　页面设置过程

(a)"页面设置管理器"对话框；(b)"页面设置"对话框；(c)"绘图仪配置编辑器"对话框

- 选中"自定义图纸尺寸",点击"添加(A)... ",打开"自定义图纸尺寸"对话框,如图 5-58 所示;

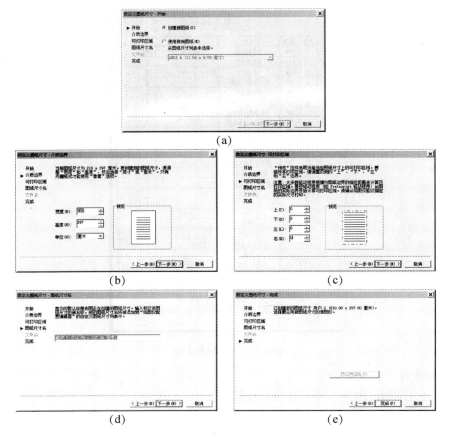

(a)

(b)　　　　　　　　　　　(c)

(d)　　　　　　　　　　　(e)

图 5-58　自定义图纸尺寸

(a)定义开始;(b)定义"介质边界";(c)定义"可打印区域";(d)定义"图纸尺寸名";(e)定义完成

- 点击" 完成(F) "按钮后返回"绘图仪配置编辑器"对话框;
- 点击" 确定 "按钮后返回"页面设置"对话框;
- 点击" 确定 "按钮后返回"页面设置管理器"对话框;
- 点击" 关闭(C) "按钮,完成"页面设置"。

3. 调整表格

图 5-59　表格编辑

插入的统计表需要增加标题,可以用鼠标左键双击表格或从右键快捷菜单中选择" 表格编辑 "命令,弹出"表格设定"对话框,选择"标题"标签,这个对话框中的数字单位均为 mm。输入标题名称,确定文字样式,定文字高度为 15,"标题高度"指的是标题所在行的高度,取 20mm,选中"标题在边框外",补选中"隐藏标题"选项。如图 5-59 所示。

如果需要调整整个表格在图纸中的位置,可以用夹点控制的方法进行调整,如图 5-60 所示。

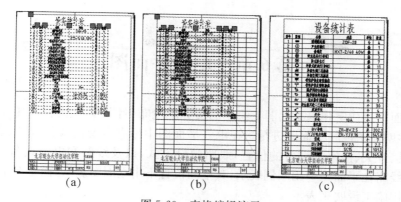

(a)　　　　　　(b)　　　　　　(c)

图 5-60　表格编辑演示

(a)选中表格;(b)将"角点缩放"控制点拖拽到目标点;(c)充满整个图纸

4. 调整文字

在平面图中所有的标注文字应该为统一的字高,可以在标注工作完成后利用文字菜单进行调整,"统一字高"命令可以将各类标注的文字统一高度。命令的选择如图 5-61 所示。

(a)　　　　　　(b)　　　　　　(c)

图 5-61　有关文字操作命令的菜单

(a)"▼ 文 字"子菜单;(b)普通文字的右键菜单;(c)导线标注的右键菜单

第6章 电气平面图

电气平面图是住宅建筑平面图上绘制的实际配电布置图,安装照明电气电路及用电设备,需根据照明建筑电气平面图进行。在电气平面图中标有电源进线位置,电能表箱,配电箱位置,灯具、开关、插座等设备的位置,线路敷设方式,以及线路和电气设备等各项数据。电气设备和线路在平面图中用图例表示,其空间位置不用立面图表示,而是在平面图上标注安装标高或用施工说明来表示。

1. 电气工程图的特点

电气平面图不是按照投影规律绘制的,它是用图形符号或简化外形表示系统或设备之间相互关系的图。电气系统图、平面图、安装接线图、原理图都属于简图。图形符号、文字符号和项目代号是构成电气工程图的基本要素。一个电气系统通常由许多元件组成,在电气工程图中并不按比例绘出它们的外形尺寸,而是采用图形符号表示,并用符号、安装代号来说明电气装置、设备和线路的安装位置、相互关系和敷设方法等。按类别和规定有分类图如配电平面图、防雷平面图、照明平面图、应急照明和警卫照明图、通讯、监控、安防等。

电气平面图设计说明书上均有详细说明,以说明图中无法表达的一些内容。通常在照明平面图上还要附一张各电气设备图例、型号规格及安装高度表,电气平面图是电气施工的关键图纸,是指导电气施工的重要依据,没有了它就无法施工。

有了电气平面图,我们就知道:

• 整座房子或整个房间的电气布置情况;

• 在什么地方需要什么样式的灯具、插座、开关、接线盒、用电设备,如:消防、安防、通信、电视、网络等电气设备;

• 采用怎样的布线方式;

• 导线的走向如何、导线的根数、采用何种导线、导线的截面,以及导线穿管的管径等;

• 从图中还可以了解,住宅是采用保护接地还是保护接零,以及防雷装置的安装等情况。

2. 电气工程图的阅读

• 首先要看图纸的目录、图例、施工说明和设备材料明细表。目的是了解工程总体概况及设计依据,了解图纸中未能表达清楚的各有关事项。如供电电源的来源、电压等级、线路敷设方式,设备安装高度及安装方式,补充使用的非国标图形符号,施工时应注意的事项等;

• 要熟悉国家统一的图形符号、文字符号和项目代号;

• 要了解图纸所用的标准;

• GB 中国,BS 英国,ANSI 美国,IEC 国际电工委员会;

• 部级:JG 建筑工业,SDJ 水电工业标准;

• 电气工程图是用来准备材料、组织施工、指导施工的,必须了解安装施工图册和国家规范;

• 各种电气图结合起来,注意看图顺序;

- 电气施工要与土建工程及其他工程配合进行。

通过平面图,可以了解到设备安装的位置,线路敷设部位、敷设方法及所用导线型号、规格、数量、管径大小等,其是安装施工、编制工程预算的主要依据图纸,必须熟读。如变配电所设备安装平面图(还应有剖面图),电力平面图,照明平面图,防雷、接地平面图等。

电气平面图应在建筑施工开工前绘制好,以便结合土建施工实施电气预埋工作。如果是对现有房子作电气装修、装饰而涉及到布线改造(如将明线敷设改为暗线敷设,改动或增加线路、插座、开关、灯具、接线盒等),也应绘制照明平面图,因为这是指导实施电气改造所必须的。附录中列出了各类常见的设备符号,可以随时浏览。

6.1　照明电气平面图

照明电路的特点要将所有用电设备连接在各个回路之中,既要保证图面上各回路的清晰,也要考虑施工的成本,还要考虑施工安装的操作及检查维修线路的方便。

为了简单起见,假设已知配电室的位置和两间教室的位置,如图 6-1 所示。要求从配电室引出两条照明回路,WL1、WL2 分别通向教室一和教室二,每个教室内安装 8 组双管荧光灯,在教室门口安装开关;还有一个回路 WP1 连接两个教室的所有插座。具体数据见表 6-1。

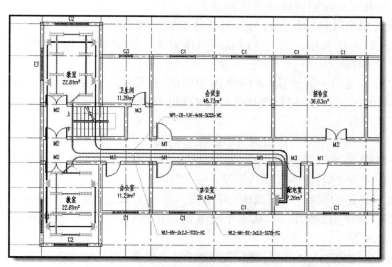

图 6-1　电气平面图设备与导线的布置

表 6-1　设备材料统计表

序号	图例	名称	规格	单位	数量	备注
1	■	照明配电箱	ZSW-310	台	1	安装高度 1.4m
2	⊢⊣	双管荧光灯	2Y01 2×36W	盏	16	安装高度 2.5m
3	▼	安全型三极暗装插座	A	个	8	安装高度 0.4m
4	⤴	双控开关	X-1 10A	个	2	安装高度 1.4m
5	—	YJV 电力电缆	ZR-YJV,16	m	45.2	结果不含垂直长度

续表

序号	图例	名称	规格	单位	数量	备注
6	—	铜橡皮线	NH-BX,2.5	m	81.1	结果不含垂直长度
7	—	BV 导线	BV,2.5	m	64.8	结果不含垂直长度
8	—	焊接钢管	SC25	m	45.2	结果不含垂直长度
9	—	焊接钢管	SC15	m	27.0	结果不含垂直长度
10	—	电线管	TC15	m	32.4	结果不含垂直长度

注:表中的内容均为模拟数据。

导线参数如下:

- WL1——BV-2×2.5-TC15-FC
- WL2——NH-BX-3×2.5-SC15-FC
- WP1——ZR-YJV-4×16-SC25-WC

用本章介绍的命令完成三条回路的设备布置和导线布置,但是"CAD"的目的不仅仅是完成工程图的图样,而是在绘图过程中还要将有关的数据赋予所绘制的对象,否则计算机无法完成平面设备的统计。所以请认真体验本章介绍的" 设备定义 "命令和" 编辑导线 "命令,这不仅影响到" 平面统计 "命令得到的结果的合理性与正确性,对第 6 章绘制系统图也是极其重要的。

读懂并绘制电气平面图应该注意的问题:

- 掌握电气照明设备的图形符号及其标注形式。当看到某个图形符号时,就要联想出该图形符号所代表的是怎样一个电气设备或具体意义。初学者可以在识图过程中边对照边读。参见附录 4~附录 7。
- 要结合施工说明一起识读,弄清整体和局部、原理接线图和安装接线图的关系。可以弄清每个房间的情况,再弄清整座房屋的全貌;也可以先识读整座房屋的情况,再弄清楚每个房间及局部的细节。
- 识图时应按"进户线—电能表、配电箱—干线—分支线及各回路用电设备"这个顺序来识读。一般情况下照明回路的名称为:WL1,WL2,……,动力回路的名称为:WP1,WP2,……,插座回路的名称为:TP1,TP2,……。
- 弄清每条线路的根数、导线截面(截面积)、布线方式、灯具与开关的对应关系,用电设备的对应关系,插座引线的走向(从哪个配电箱或接线盒引出)以及各种电气设备的安装位置和预埋件位置等。
- 在执行" 设备定义 "命令时,最好先清除"定义设备"对话框中的记忆,让系统重新从当前图中读取,以免混淆。
- 同一回路的导线应该统一属性,如:回路编号、规格型号、配线方式、敷设方式等。而且要清除掉所有的多余导线,多余的导线好比垃圾,会给统计命令带来麻烦,甚至造成回路的混乱。
- 设备材料表给我们提供了该工程所使用的设备、材料的型号、规格和数量,是编制购置主要设备、材料计划的重要依据之一。

6.2　消防平面图

消防系统包括火灾自动报警及消防联动系统,由消防自动报警、消防水、消防通讯、消防报警外接设备组成,还有消防疏散通道等。

消防平面图也是以建筑图为基础,完成布置设备、设备连线两项任务。最后可以单独统计出消防设备及连线的设备材料统计表。

消防系统属于弱电系统,但是也有使用动力电的设备,如果细分的话应该有:消防电话、消防控制、消防广播、消防电源、消防起泵等电路。所以在选择导线的种类和规格时,一定要满足设计的要求,同时要遵守规范标准,比如通信线路中,总线最大允许回路阻抗或回路额定通信距离,是指一个总线回路在满载最不利情况下的保底参数,实际工程应用中各总线回路在设备配置及距离等方面有很大差异,如果不考虑工程的具体情况,在管线选择上盲目照搬指标参数或简单地等同划一:①可能造成系统故障和失控;②可能增加不必要的管线成本。

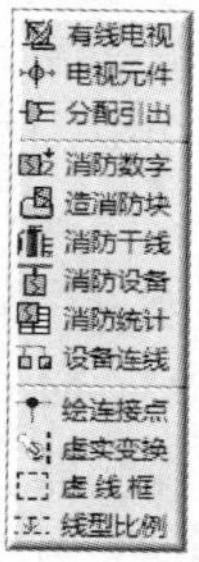

绘制消防设备的基本命令位于天正电气主菜单 ➤ "▼ 弱电系统"。如图 6-2 所示。其提供了有线电视系统、消防系统等弱电系统的绘制工具。

图 6-2　"弱电系统"子菜单

消防工程不同于照明,相对比较复杂。所以消防设备可分为:探测类、报警类、通讯类、广播类等。现代的楼宇建筑中都设有智能化的控制系统,消防平面图的作用就是:①指示施工安装的位置,包括各子系统之间的联系;②指导有关的物业工作人员对消防系统的维护和检修。所以一定要遵照设计说明书,规范使用消防符号,不可乱用。常见的消防设备符号见附录 6。

6.2.1　设备插入

绘制消防平面图时,消防设备的布置有两种插入方式:单线式和穿线式。一般在平面图中采用穿线式,在消防系统图中采用单线式。点击天正电气主菜单 ➤ "▼ 弱电系统" ➤ "回 消防设备"命令,会弹出"消防设备"对话框,对话框中只包括消防设备,操作方法与"▼ 平面设备"子菜单中的布置命令类似,但是插入设备的同时没有连线功能,可以用"▼ 导　线"子菜单中的"⊗ 平面布线"命令来完成。如果采用单线式插入,每个设备会附加一段引线。如图 6-3 所示。

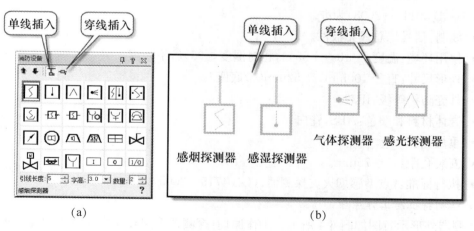

图 6-3　"消防设备"命令

(a)"消防设备"对话框;(b)消防设备的两种插入方式

6.2.2 探测器知识

火灾探测系统与报警系统是紧密联系在一起的,一旦发生情况,探测系统会自动发出信号,警报系统应该立即自动启动广播系统、消防起泵系统。常见的探测设备有:感烟探测器、感温探测器等。根据不同的工作原理可分为有线连接和无线连接两种,为了给绘图增加一些感性认识,下面以 JTY-GM-GST9611 点型光电感烟火灾探测器为例,介绍它的特点和工作原理。

1. 概述

JTY-GM-GST9611 点型光电感烟火灾探测器是采用红外散射原理研制而成的智能光电感烟探测器。该探测器结构新颖、外形美观、性能稳定可靠、抗潮湿性强,适用于宾馆、饭店、办公楼、教学楼、银行、仓库、图书馆、计算机房及配电室等场所。

2. 特点

- 地址编码可由电子编码器事先写入,也可由控制器直接更改,工程调试简便可靠。
- 单片机实时采样处理数据,并能保存 14 个历史数据,曲线显示跟踪现场情况。
- 具有温度、湿度漂移补偿,灰尘积累程度及故障探测功能。
- 无极性二总线信号。
- 超大指示灯指示,可实现 360°范围可见。

3. 技术特性

- 工作电压:信号总线电压:总线 24V,允许范围:16～28V。
- 工作电流:监视电流≤0.6mA;报警电流≤1.8mA。
- 指示灯:报警确认灯,红色,巡检时闪烁,报警时常亮。
- 编码方式:电子编码(编码范围为 1～242)。
- 保护面积:当空间高度为 6～12m 时,一个探测器的保护面积对一般保护场所而言为 80m²。空间高度为 6m 以下时,保护面积为 60m²。具体参数应以《火灾自动报警系统设计规范》(GB 50116—2008)为准。
- 线制:信号二总线无极性。
- 使用环境:温度:－10～＋55℃,相对湿度≤95％,不凝露。
- 外形尺寸:直径 100mm,高 52mm(带底座)。
- 外壳防护等级:IP32。
- 壳体材料和颜色:ABS,瓷白。
- 重量:约 110g。
- 安装孔距:45～75mm。
- 执行标准:《点型感烟火灾探测器》(GB 4715—2005)。

4. 结构特征与工作原理

探测器外形示意图如图 6-4 所示。工作原理:探测器采用红外线散射原理探测火灾,在无烟状态下,只接收很弱的红外光,当有烟尘进入时,由于散射作用,使接收光信号增强,当烟尘达到一定浓度时,可输出报警信号。为减少干扰及降低功耗,发射电路采用脉冲方式工作,可提高发射管使用寿命。

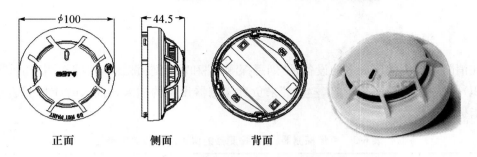

正面　　　　　　侧面　　　　　　背面

图 6-4　JTY-GM-GST9611 点型光电感烟火灾探测器示意图

火灾探测器的种类除了温感、烟感探测器以外,还有火焰探测器、一氧化碳探测器、可燃气体探测器等。在选用的时应符合下列原则:

• 对火灾初期有阴燃阶段,产生大量的烟和少量的热,很少或没有火焰辐射的场所,应选择感烟探测器。

• 对火灾发展迅速,可产生大量热、烟和火焰辐射的场所,可选择感温探测器、感烟探测器、火焰探测器或其组合。

• 对火灾发展迅速,有强烈的火焰辐射和少量的烟、热的场所,应选择火焰探测器。

• 对火灾初期可能产生一氧化碳气体且需要早期探测的场所,宜选择一氧化碳火灾探测器。

• 对使用、生产或聚集可燃气体或可燃液体蒸气的场所,应选择可燃气体探测器。

• 对火灾形成特征不可预料的场所,可根据模拟试验的结果选择探测器。

• 对设有联动装置、自动灭火系统以及用单一探测器不应有效确认火灾的场合,宜采用同类型或不同类型的探测器组合。

• 对于需要早期发现火灾的特殊场所,可以选择高灵敏度的吸气式感烟火灾探测器,且应将该探测器的灵敏度设置为高灵敏度状态;也可根据现场实际分析早期可探测的火灾参数而选择相应的探测器。

根据不同的场所、不同的环境,参照表 6-2 选择适合的探测器。

表 6-2　烟感、温感探测器的选择

类型	适宜选择的场所	不适宜选择的环境	
感烟探测器	饭店、旅馆、教学楼、办公楼的厅堂、卧室、办公室等 计算机房、通讯机房、电影或电视放映室等 楼梯、走道、电梯机房等 书库、档案库等 有电气火灾危险的场所	离子感烟探测器	相对湿度经常大于 95%。气流速度大于 5m/s 有大量粉尘,水雾滞留。可能产生腐蚀性气体 在正常情况下有烟滞留。产生醇类、醚类、酮类等有机物质
		光电感烟探测器	有大量粉尘,水雾滞留 可能产生蒸气和油雾 在正常情况下有烟滞留
感温探测器	相对湿度经常大于 95%。无烟火灾 有大量粉尘。吸烟室等 在正常情况下有烟和蒸气滞留 厨房、锅炉房、发电机房、烘干车间等 其他不宜安装感烟探测器的厅堂和公共场所	可能产生阴燃火或发生火灾不及时报警将造成重大损失的场所 温度在 0℃ 以下的场所	

6.2.3 温感烟感

在消防系统中使用最多的设备是"烟感探测器"和"温感探测器",根据探测器的特性(保护面积),有一条专用命令" 温感烟感 "来负责探测器设备的插入。插入时应按照表 6-3 规定的指标完成。

表 6-3 感烟探测器、感温探测器的保护面积和保护半径

火灾探测器 种类	地面面积 $S(m^2)$	房间高度 $h(m)$	一只探测器的保护面积 A 和保护半径 R					
			屋顶坡度 θ					
			$\theta \leqslant 15°$		$15° < \theta \leqslant 30°$		$\theta > 30°$	
			$A(m^2)$	$R(m)$	$A(m^2)$	$R(m)$	$A(m^2)$	$R(m)$
感烟探测器	$S \leqslant 80$	$h \leqslant 12$	80	6.7	80	7.2	80	8.0
	$S > 80$	$6 < h \leqslant 12$	80	6.7	100	8.0	120	9.9
		$h \leqslant 6$	60	5.8	80	7.2	100	9.0
感温探测器	$S \leqslant 30$	$h \leqslant 8$	30	4.4	30	4.9	30	5.5
	$S > 30$	$h \leqslant 8$	20	3.6	30	4.9	40	6.3

注:GB 50116—1998 规定。

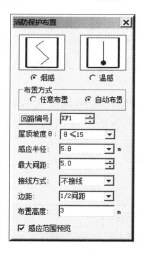

图 6-5 "消防保护布置"对话框

点击天正电气主菜单 ▶" ▼ 弱电系统 "▶" 温感烟感 "命令,弹出"消防保护布置"对话框,如图 6-5 所示。

在对话框中可选择所布置探测器的名称、布置的方式、接线方式等。更重要的是通过对屋顶坡度 θ、感应半径、最大间距等参数的确定和调整,系统会计算出实际布置的间距,避免浪费或造成不安全隐患。其中的数据可以参考表 6-3 而定。屋顶坡度的角度是指屋顶与地面的夹角。

如果勾选了"感应范围预览",在命令操作过程中可以直观地看到各探测器感应范围的交错情况,实际上感应范围并没有绘制。

例如图 6-6 中的会议室(48.73m²)需要布置烟感探测器,参照图 6-5 中的参数选择,布置结果如图 6-6(b)所示。

命令行提示如下:

命令:wgyg

请输入起始点[选取行向线(S)]<退出>:R   (温感烟感 命令)

请输入起始点[选取行向线(S)]<退出>:   (系统给出的)

请输入终点<退出>:   (拾取第一点)

请输入起始点[选取行向线(S)]<退出>:   (拾取第二点)

          (回车结束)

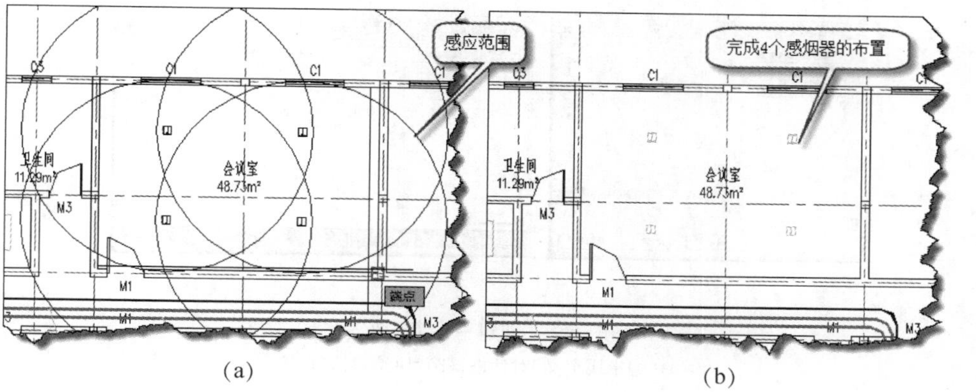

图 6-6　“温感烟感”命令演示

(a)选取房间对角线两点;(b)完成 4 个设备的布置

6.2.4　造消防块

“造消防块”命令专门用于制作消防设备块。在天正电气中的消防设备块都应该含有设备个数的属性字,可以方便消防设备的统计,而且消防设备的平面图和系统图使用的是同一个设备图库,这就使得造消防设备与其他设备有所不同,即不能用“造设备”命令也不能使用“造元件”命令。

在造消防块之前,应对准备造块的图形进行规范处理。比如消防系统中常装有一些新产品,或者以模块的形式布置在系统中,统称消防模块。消防模块也是火灾自动报警系统中的重要组成部分。消防模块大致可以分为输入模块,输出模块,输入输出模块,隔离模块,中继模块,切换模块,多线控制模块等类型。图库中没有合适的符号可用时,可以用“造消防块”命令来完善图库内容。最简单的办法是将图库中已有的设备图块进行改造,以新的名称另存为新的图块,使其成为图库中的一员。

下面简单介绍造设备图块的过程。可以利用消防库中已有的类似符号为基础,这样可以不用考虑几何尺寸的大小,修改后入库使用。具体步骤如下:

1. 复制一个原有设备

这项工作可以在当前文件完成,也可以在新建文件中完成,最终都要写入图库。如果在另一台电脑使用,需要重新写入图库。

点击下拉菜单“工具” ➤ “块编辑器(B)”,弹出“编辑块定义”对话框,如图 6-7(a)所示。

输入新块名称后点击“确定”按钮,进入块编辑状态,如图 6-7(b)所示。“块编辑器”窗口与“模型”空间一样,具有“模型”空间命令的所有功能,只是多了一个工具条,如图 6-8 所示。

在“块编辑器”中用“消防设备”命令插入设备(如:输入模块),如图 6-9(a)所示,再用“分解”命令将插入的设备图块分解,如图 6-9(b)所示。分解成两个部分:①矩形轮廓框;②图块的文字属性。分解的目的是为了便于重新编辑该图块。

因为是在比例为 1∶100 时插入的,所以符合建筑图的要求。

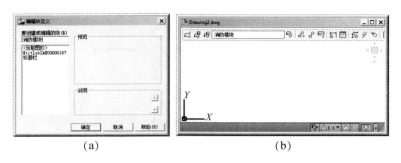

图 6-7 创建一个新"块"
(a)"编辑块定义"对话框;(b)"块编辑器"环境

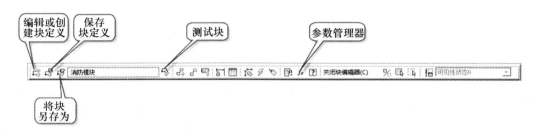

图 6-8 块编辑工具条

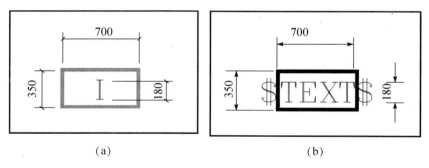

图 6-9 分解图块
(a)原设备图块;(b)分解后的设备图块

2. 编辑符号

因为选用的原图块轮廓不用更改,只需对文字进行编辑。方法是:

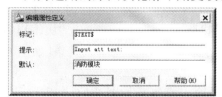

图 6-10 "编辑属性定义"对话框

• 用鼠标选中"属性"双击鼠标左键,弹出"编辑属性定义"对话框,可以改写属性的默认值,改写的结果将为设备模块的图面显示。如图 6-10 所示;

• 用鼠标选中"属性",点击工具条中的"参数管理器"命令 f_x,弹出"参数管理器"对话框,如图 6-11(a)所示。属性是将数据附着到块上的标签或标记。点击工具条中的"定义属性"命令,弹出"属性定义"对话框,如图 6-11(b)所示。这两个对话框是有联系的,"属性定义"对话框可以添加新的"属性",并定义详细的参数,"参数管理器"可以显示所有的"属性",可以修改名称,也可以删除不用的"属性"。可以使用参数管理器对包含约束参数的块参照进行操作;

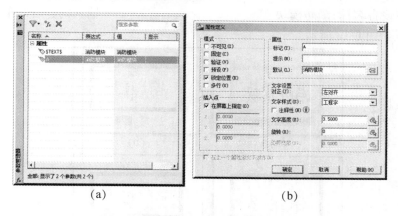

(a)   (b)

图 6-11 "参数管理"

(a)"参数管理器"对话框;(b)"属性定义"对话框

• 点击工具条中的"测试块"![icon]命令,打开"测试块窗口",可以观察新块在图中的模样。关闭该窗口即返回"块编辑器"窗口;

• 最后点击工具条中的"关闭块编辑器(C)"弹出提示,如图 6-12(a)所示,选择更改保存,符号编辑结果如图 6-12(b)所示。

(a)   (b)

图 6-12 完成图块编辑

(a)提示信息;(b)编辑结果

3. 造消防块

以上只是完成了图"块"的制作,可以用"块插入"(INSERT)命令插入到图中,然后用"造消防块"命令将其入库,才可以成为"设备图块"。

点击下拉菜单"插入" ➤ "![icon]块(B)...",打开"插入"对话框,选择以上自制的图块。

点击天正电气主菜单 ➤ "![icon]弱电系统" ➤ "![icon]造消防块"命令,命令行提示如下:

命令:zxfk   (![icon]造消防块 命令)

请选择要做成图块的图元<退出> :指定对角点:找到 1 个   (系统的提示)

请选择要做成图块的图元<退出> :   (框选对象)

请点选插入点<中心点> :   (鼠标拾取)

请点取要作为接线点的点(图块外轮廓为圆的可不加接线点)<继续> :   (鼠标拾取)

请点取要作为接线点的点(图块外轮廓为圆的可不加接线点)<继续> :   (鼠标拾取)

请点取要作为接线点的点(图块外轮廓为圆的可不加接线点)<继续> :   (鼠标拾取)

请点取要作为接线点的点 *(图块外轮廓为圆的可不加接线点)<继续>* ：　　　　　（鼠标拾取）
请点取要作为接线点的点 *(图块外轮廓为圆的可不加接线点)<继续>* ：　　　　　（鼠标右键）
输入电气设备名称:消防模块　　　　　　　　　　　（输入内容后回车,命令结束）
演示过程如图 6-13 所示。

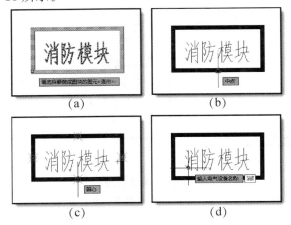

图 6-13　"造消防块"演示
(a)选择对象；(b)确定块的插入点；(c)确定块的接线点；(d)输入新块的名称

实际上命令行提示图块外轮廓为圆的可不加接线点。如果图块的外轮廓是其他形状,应该选择适当的接线点。图 6-13(d)输入的名称为设备图库中的名称,与符号中的文字无关。

现在可用" 消防设备 "命令分别插入库中原有的"输入模块"和新入库的"消防模块",就会发现它们之间有所不同。如图 6-14 所示。

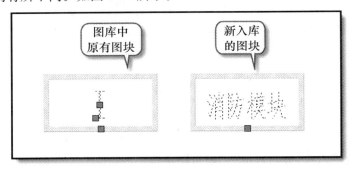

图 6-14　设备图块比较

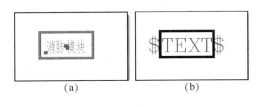

图 6-15　在"块编辑器"中分解图块
(a)分解之前；(b)分解之后

控制夹点数量的不同说明所选对象的组织结构不同。解决的办法是选中新设备图块,再次进入"块编辑器",执行"分解"命令。如图 6-15 所示。退出"块编辑器"并保存更改。

以上操作仅涉及了图块操作的基本方法,如果需要了解图块的更多内容,还需要学习有关"块"的详细内容。

6.2.5　消防布线

　　消防系统是一个复杂的系统,所以导线的
类别也比较多,不是单一的强电或者弱电。包括:消防电话、消防广播、消防控制、消防电源、消防起泵等。消防控制室、消防水泵、消防电梯、防烟排烟设施、火灾自动报警系统、自动灭火系统、疏散应急照明和电动的防火门、窗、卷帘、阀门等消防用电,应按现行的国家标准《供配电系统设计规范》(GB 50052)的规定进行设计。消防控制室、消防水泵、消防电梯、防烟排烟风机等应由两路电源供电,并在最末一级配电箱处设置自动切换装置。消防设备与为其配电的配电箱距离不宜超过 30m。

　　消防设备应急电源(FEPS)可作为火灾自动报警系统的备用电源,为系统或系统内的设备及相关设施(场所)供电,但为消防设备供电的 FEPS 不能同时为应急照明供电。

　　火灾自动报警系统的传输线路和 50V 以下供电的控制线路,应采用电压等级不低于交流 300/500V 的铜芯绝缘导线或铜芯电缆。若采用交流 220/380V 的供电和控制线路,应采用电压等级不低于交流 450/750V 的铜芯绝缘导线或铜芯电缆。火灾自动报警系统传输线路的线芯截面选择,除应满足自动报警装置技术条件的要求外,还应满足机械强度的要求。铜芯绝缘导线、铜芯电缆线芯的最小截面面积不应小于表 6-4 的规定。

表 6-4　铜芯绝缘导线和铜芯电缆的线芯最小截面积

序号	类别	线芯的最小截面面积(mm^2)
1	穿管敷设的绝缘导线	1.00
2	线槽内敷设的绝缘导线	0.75
3	多芯电缆	0.50

　　建筑物内的导线选择可参考表 6-5 的规定。

表 6-5　导线选择

用途	导线类型	敷设要求	
		明	暗
火灾自动报警系统的电源线 消防联动控制线	耐火类铜芯绝缘导线或铜芯电缆	应穿有防火保护的金属管或有防火保护的封闭式金属线槽	敷设在电缆井、电缆沟内可不采取防火保护措施。与其他配电线路分开敷设
通信、警报 应急广播线	耐火类铜芯绝缘导线或铜芯电缆	用金属管或金属线槽保护,并应在金属管或金属线槽上采取防火保护措施	宜采用金属管或难燃型刚性塑料管保护,并应敷设在不燃烧体的结构层内,且保护层厚度不宜小于 30mm

　　在消防平面图中布线也是使用"🔘 平面布线"命令,在"平面导线设置"对话框中可以进行修改确定。如果用"🔽 平面设备"子菜单中的布置命令插入消防设备,采用自动连接导线

所连接的导线为消防线,所在图层为"WIRE-消防",在编辑导线时应根据设备的类别改为相应的连线。

图 6-16 为系统默认的消防系统用线的设置信息。

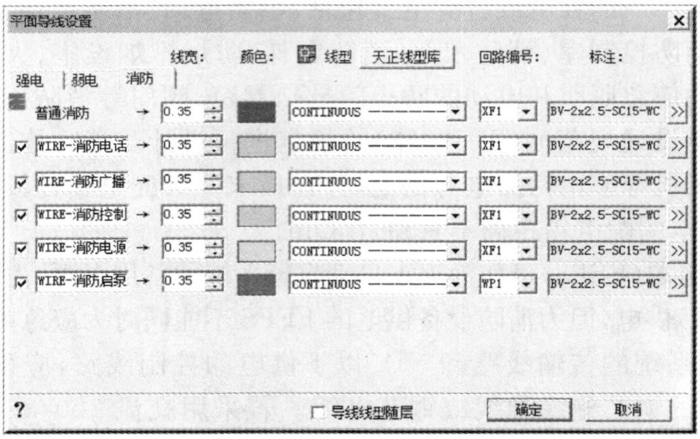

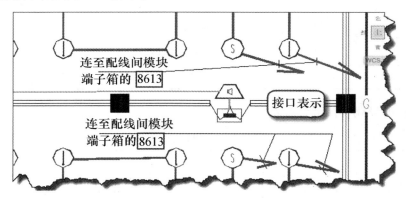

图 6-16 "平面导线设置"对话框中的消防导线设置

因为消防系统导线的类别较多,可在平面图中采用一些特殊的表达方法。如"烟感探测器"、"温感探测器"的布点数量很多,如果连成一体再连接到配电箱,图面就会显得很乱,不便于读图。可以采用分区连接的表达方法。先将设备分组连接,每区有一个接口,用引线标注接口的连接方式,如图 6-17 所示。

图 6-17 分组连接的标注方法

6.2.6 消防统计

消防统计命令的功用是统计图中的消防设施并生成材料表。天正电气主菜单 ▶ "▼ 弱电系统" ▶ "🔲 消防统计"命令只统计"EQUIP-消防"图层中的设备图块,如果是属于消防系统的设施应将其换层处理。比如将灯具库中的灯具设备用于消防系统中指示灯,则应做换层处理,否则统计不到。

点取命令后命令行提示如下:

命令:xftj   (🔲 消防统计 命令)

请选择统计范围<全部>   (确定)

点取位置或[参考点(R)]<退出>：　　　　　　　　　　　　　（拾取点位表格的的左上角）

结果如图 6-18 所示。该命令执行过程中没有对话框操作，生成统计表后可以用表格命令编辑命令增加标题、改变大小，并可以增加列补充其他信息。

图 6-18　"消防统计"表格

6.3　安防平面图

安防系统是以维护社会公共安全为目的，运用安全防范产品和其他相关产品所构成的入侵报警系统、视频安防监控系统、出入口控制系统、防爆安全检查等的系统；或是由这些系统为子系统组合或集成的电子系统或网络。具体内容可以查询《安全防范工程技术规范》（GB 50348—2004）。

根据系统各部分功能的不同，安防系统大体可以划分为七类：

表现类——如监控电视墙、监视器、高音报警喇叭、报警自动驳接电话等设备；

控制类——通常由控制器或者模拟控制矩阵构成；

处理类——音视频分配器、音视频放大器、视频分割器、音视频切换器等设备；

传输类——使用的是射频线、微波，对于远程监控而言，使用因特网；

执行类——云台、镜头、解码器等设备；

支撑类——设备的安装，保护和固定支撑采集、执行设备。它包括支架、防护罩等辅助设备；

采集类——包括镜头、摄像机、报警传感器等设备。

当然，由于设备集成化越来越高，对于部分系统而言，某些设备可能会同时以多个身份存在于系统中。

安防系统也分好多分类：紧急广播系统、楼宇对讲系统、门禁系统、数字监控系统、停车场管理系统、周界报警系统、电梯五方报警系统。这些智能化的系统在楼宇、小区等公共场所中都是必须安装的。安防平面图的功用是：按照系统设计的要求和规范，将安防设备布置到以建筑内容为基础的平面图上，并连接导线，为施工提供必要的图纸信息和数据信息。

图 6-19　选择"安防"导线

安防设备的插入和编辑与照明设备的插入相同，使用"▼平面设备"子菜单中的命令，导线布置用"▼导线"子菜单中的"平面布线"命令，在"设置当前导线信息"对话框中选择"WIRE－安防"为当前导线设置，如图 6-19 所示。

图 6-20 为安防平面图示例。

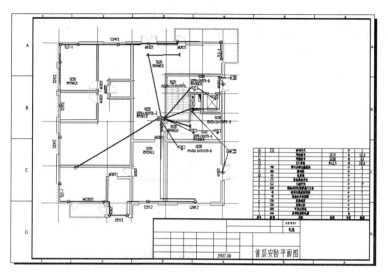

图 6-20　安防平面图示例

第 3 部分　电气系统与电气计算

　　平面图是具体电气设施的平面布置,系统图是表达了整个系统的构成部份及其工作原理,它们有共同之处也有不同之处。共同之处在于都是用简图的方式表达,使用的是同样的电气符号。不同点在于平面图采用"位置布局法"——在图中强调电气设备的位置,按实际位置布局;而系统图、原理图则采用"功能布局法"——在图中强调的是各电气元件之间的功能关系,而不考虑它们的实际位置。

　　电气系统主要是由电气元件和电气连接线构成,所以电气元件和电气连接线是电气工程图描述的主要内容。位置布局法和功能布局法是电气工程图中两种最基本的布局方法。

　　电气系统图:功用是表达系统的基本组成,主要电气设备、元件等连接关系及它们的规格、型号、参数等,为工程技术人员提供该系统的基本情况。

　　通过系统图,可以了解系统中用电设备的电气自动控制原理,用来指导设备的安装和控制系统的调试工作。在进行控制系统的配线和调校工作中,还可配合阅读接线图和端子图进行。

　　计算在工程设计中是一项很重要的工作。传统的工程设计需要查阅大量的设计资料(设计手册),根据设计要求选择相应的参数或数据,有时还需要查阅一些图表,获取必要的经验(或统计)系数带入公式,还需要对计算的结果进行核验,是否满足有关的技术指标,如不满足就得修改或调整一系列的数据、参数、系数等,再进行计算。可能要如此反复数次,同时还要考虑设计的合理性、可行性等。最后还要检查设计过程是否满足符合最新的国家(行业)标准(规范)。直到得到满意的结果为止。这样的设计周期可能是几小时至几天,或者更长。

　　随着 CAD 技术的发展,计算机辅助设计软件功能不断地完善,工程计算工作已经不再是很辛苦的工作了。天正电气的"计算"子菜单中包括了常用的设计计算命令。

第7章 系统图基础知识

系统元件是系统图必不可少的组成部分。在 CAD 绘图中,系统元件往往都是以"符号＋标注"的形式出现在工程图纸上,它们不仅仅是图样的表示,而且还传递着大量专业信息,比如元件的功用、性能、特点以及选用原则,设计的规范等。只有掌握了必要的专业基础知识,才能够真正理解和看懂图纸,从而绘制出符合规范的、合理的、正确的工程图。

什么是系统元件:电力系统中所使用的一次电力设备。一个电力设备可以有单端或多端,其各端可以与其他电力设备相连接,如发电机、变压器、电力线路、断路器、隔离开关及母线段等。

7.1 系统元件

7.1.1 发电机

发电机是指能将机械能转变为电能的设备的总称。所产生的电能可以是直流电(DC)也可以是交流电(AC)。

发电机的形式很多,但其工作原理都基于电磁感应定律和电磁力定律。因此,其构造的一般原则是:用适当的导磁和导电材料构成互相进行电磁感应的磁路和电路,以产生电磁功率,达到能量转换的目的。

发电机的种类有很多种。从原理上分为同步发电机、异步发电机、单相发电机、三相发电机。从产生方式上分为汽轮发电机、水轮发电机、柴油发电机(如图 7-1 所示)、汽油发电机等。从能源上分为火力发电机、水力发电机等。

对发电机的安装、使用、维护都有严格的安全操作规程(请查阅有关规范):

图 7-1 柴油发电机

• 安装——发电机安装时,应平稳牢固,室外操作时,应搭设机棚,并保持通风良好。

• 使用——附近不得放置油料或其他易燃物品,并应设置消防器材,如有火情,应先切断电源并立即扑救。发电机的联接件应牢固可靠,转动部位应有防护装置,输出线路应绝缘良好,各仪表指示清晰。运转时,操作人员不得离开机械,发现异常立即停机,查明原因,故障排除后,方可继续工作。

• 维护——严禁带电作业,检修电气设备前,必须切断电源,并挂醒目警示牌,并派专人监护。

7.1.2 变压器

变压器(如图 7-2 所示)的功能主要有:电压变换;电流变换,阻抗变换;隔离;稳压(磁饱和变压器)等,变压器常用的铁芯形状一般有 E 型和 C 型铁芯,以及 XED 型,ED 型,CD 型。

图 7-2　变压器

变压器按用途可以分为:配电变压器、电力变压器、全密封变压器、组合式变压器、干式变压器、油浸式变压器、单相变压器、电炉变压器、整流变压器、电抗器、抗干扰变压器、防雷变压器、箱式变压器、试验变压器、转角变压器、大电流变压器、励磁变压器。

对不同类型的变压器都有相应的技术要求,可用相应的技术参数表示。如电源变压器的主要技术参数有:额定功率、额定电压和电压比、额定频率、工作温度等级、温升、电压调整率、绝缘性能和防潮性能,对于一般低频变压器的主要技述参数是:变压比、频率特性、非线性失真、磁屏蔽、静电屏蔽、效率等。变压器的规格型号:

- 按电压等级分:1000kV、750kV、500kV、330kV、220kV、110kV、66kV、35kV、20kV、10kV、6kV 等;
- 按绝缘散热介质分:干式变压器、油浸式变压器,其中干式变压器又分为:SCB 环氧树脂浇注干式变压器和 SGB10 非包封 H 级绝缘干式变压器;
- 按铁芯结构材质分:硅钢叠片变压器、硅钢卷铁芯变压器、非晶合金铁芯变压器;
- 按设计节能序列分:SJ、S7、S9、S11、S13、S15;
- 按相数分:单相变压器、三相变压器;
- 按容量来说我国现在变压器的额定容量是按照 R10 优先系数,即按 10 的开 10 次方的倍数来计算,50kVA、80kVA、100kVA、125kVA、160kVA、200kVA、250kVA、315kVA、400kVA、500kVA、630kVA、800kVA、1000kVA、1250kVA、1600kVA、2000kVA、2500kVA、3150kVA、4000kVA、5000kVA 等。

7.1.3　电力线路

电力线路主要分为输电线路和配电线路。

① 输电线路一般电压等级较高,磁场强度大,击穿空气(电弧)距离长。它是由电厂发出的电经过升压站升压之后,输送到各个变电站,再将各个变电站统一串并联起来就形成了一个输电线路网,连接这个"网"上各个节点之间的"线"就是输电线路。

② 配电线路主要用于人工照明和电器使用,目前装修时都要重新铺设。一般的标准是:

- 主线用 2.5mm^2 铜线。
- 空调线要用 4mm^2 的,且每台空调都单独走线。
- 电话线、电视线等信号线不能跟电线平行走线。
- 电线要用保护胶盒,埋入墙体的要用胶管(包括 PVC 管),接口一定要用直头或弯头。不能使用胶管的地方,必须使用金属软管予以保护。

7.1.4　断路器

断路器是指用以切断或关合高压电路中工作电流或故障电流的电器,如图 7-3 所示。

断路器功用:

图 7-3　断路器

① 正常情况下接通和断开高压电路中的空载及负荷电流;

② 在系统发生故障时能与保护装置和自动装置相配合,迅速切断故障电流,防止事故扩大,从而保证系统安全运行。

其实断路器就是一种特殊的开关,它和其他普通开关的不同点主要在:

① 适用电压等级高;

② 灭弧介质及方式,有真空,少油,多油及六氟化硫等;

③ 灭弧能力强,效果好。

一般情况下断路器本身不存在润滑方面的问题,需要润滑的常常是它的操动机构。

普通开关和断路器的区别:

- 负荷开关是可以带负荷分断的,有自灭弧功能,但它的开断容量很小,很有限。
- 隔离开关一般是不能带负荷分断的,结构上没有灭弧罩,也有能分断负荷的隔离开关,只是结构上与负荷开关不同,相对来说简单一些。
- 负荷开关和隔离开关,都可以形成明显断开点,大部分断路器不具备隔离功能,也有少数断路器具备隔离功能。
- 隔离开关不具备保护功能,负荷开关的保护一般是加熔断器保护,只有速断和过流。
- 断路器的开断容量可以在制造过程中做的很高。主要是依靠加电流互感器配合二次设备来保护。可具有短路保护、过载保护、漏电保护等功能。

7.1.5　隔离开关

隔离开关是指将相连的电路空载切断或关合的设备,如图 7-4 所示。隔离开关是高压开关电器中使用最多的一种电器,顾名思义,是在电路中起隔离作用的。它本身的工作原理及结构比较简单,但是由于使用量大,工作可靠性要求高,对变电所、电厂的设计、建立和安全运行的影响均较大。刀闸的主要特点是无灭弧能力,只能在没有负荷电流的情况下分、合电路。

图 7-4　隔离开关

隔离开关的特点是:

- 在电气设备检修时,提供一个电气间隔,并且是一个明显可见的断开点,用以保障维护人员的人身安全。
- 隔离开关不能带负荷操作:不能带额定负荷或大负荷操作,不能分、合负荷电流和短路电流,但是有灭弧室的可以带小负荷及空载线路操作。
- 一般送电操作时:先合隔离开关,后合断路器或负荷类开关;断电操作时:先断开断路器或负荷类开关,后断开隔离开关。
- 选用时和其他的电气设备没有什么两样,都要是额定电压、额定电流、动稳定电流、热稳定电流等,都要符合使用场合的需要。

隔离开关的作用是:断开无负荷的电流的电路,使所检修的设备与电源有明显的断开点,以保证检修人员的安全。隔离开关没有专门的灭弧装置,不能切断负荷电流和短路电流,所以必须在断路器断开电路的情况下才可以操作隔离开关。

7.1.6 母线

图 7-5 软母线

在变电所中各级电压配电装置的连接,以及变压器等电气设备和相应配电装置的连接,大都采用矩形或圆形截面的裸导线或绞线,这统称为母线。其是可以连接多个电气回路的低阻抗导体,如图 7-5 所示。

在电力系统中,母线将配电装置中的各个载流分支回路连接在一起,起着汇集、分配和传送电能的作用。母线按外型和结构,大致分为以下三类:

硬母线——包括矩形母线、槽形母线、管形母线等。

软母线——包括铝绞线、铜绞线、钢芯铝绞线、扩径空心导线等。

封闭母线——包括共箱母线、分相母线等。

母线具有结构紧凑、绝缘强度高、传输电流大、互换性能好、电气性能稳定、易于安装维修、寿命时间长等一系列特点,被广泛地应用在工矿企业、高层建筑和公共设施等供配电系统。母线的特点可归纳为:

• 性能方面:母线采用铜排或者铝排,其电流密度大,电阻小,集肤效应[①]小,无须降容使用。电压降小也就意味着能量损耗小,最终节约投资。而对于电缆来讲,由于电缆芯是多股细铜线,其截面积较同电流等级的母线要大。并且其"集肤效应"严重,减少了电流额定值,增加了电压降,容易发热。线路的能量损失大,容易老化。

• 安全性:母线槽的金属封闭外壳能够保护母线免受机械损伤或动物伤害,在配电系统中采用插入单元的安装很安全,外壳可以作为整体接地,接地非常的可靠,而电缆的 PVC 外壳易受机械和动物损伤,安装电缆时必须先切断电源,如果有错误发生会很危险,特别是电缆要进行现场接地工作,接地的不可靠导致危险性增加。

• 安装方面:母线由许多段组成,每一段长度既短且轻。因此,安装时只需要少数几人就能迅速完成。母线有许多标准的零件及库存,可以快速出货,节约现场工作时间。其紧密的"三明治"结构能够减少电气空间,从而腾出更多的空间作为商业用途,如出租或作为公共场所。对于安装电缆来讲,则是一项困难的工作,因为单根电缆往往很重,安装工作需要很多人的协作,花较多时间才能完成。另外,受制于电缆的弯曲半径,需要更多的安装空间。

• 线路优化:通过使用母线槽,我们可以合并某些分支回路,并用插接箱将之转化为一条大的母线槽。它可简化电气系统,得到比多股线低的电流值,因此节约了工程的造价,并且易于维护。对于传统的电缆线路,电缆会使得电气系统极其复杂、庞大,难以维护,这样就浪费了工程费用和安装空间。

• 可扩展性:对于母线来讲,系统扩展可通过增加或改变若干段来完成,重新利用率高。而大多数情况下,电缆不能重新利用,因为长度和路线是不同的,如果要扩展系统,我们要购买新的电缆取代旧的电缆。

• 插接式开关箱:插接式开关箱可以与空气型母线槽配用,安装时无需再加其他配件。

---

① 导线内部实际上电流很小,电流集中在临近导线外表的一薄层。结果使它的电阻增加。导线电阻的增加,使它的损耗功率也增加。这一现象称为集肤效应(skin effect)。

插接脚是最为重要的部件，它是由铜合金冲压制成，经过热处理加以增强弹性，并且表面镀锡处理，即使插接 200 次以上，仍能保持稳定的接触能力。箱体设置了接地点以保证获得可靠的接地，箱内设置了开关电路，采用塑壳断路器能对所分接线路的容量作过载和短路保护。

7.2　系统元件的绘制

天正电气主菜单 ➤ "▼ 系统元件"子菜单中列出了三组命令，如图 7-6 所示。第一组：元件的插入和编辑命令；第二组：元件的翻转命令；第三组：造元件和元件标注命令。基本功能如下：

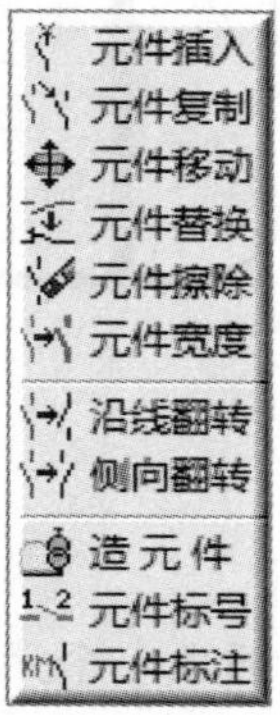

- "元件插入"：在系统图中将元件图块插入到导线中。
- "元件复制"：在系统图或原理图中复制已插入图中的元件图块。
- "元件移动"：将已插入导线中的元件移动位置。
- "元件替换"：用选定的元件来替换已插入图中的元件图块。
- "元件擦除"：将已插入的元件擦除。
- "元件宽度"：修改系统图所有同名元件线的宽度。
- "沿线翻转"：将已插入导线的元件沿导线方向翻转。
- "侧向翻转"：将已插入导线的元件以导线为轴作侧向翻转。
- "造元件"：根据需要绘制或对已有图块进行改造做成元件图块入元件库。
- "元件标号"：在元件两侧进行编号标注。
- "元件标注"：对系统图中所选元件进行信息参数的输入，同时将标注数据附加在被标注的元件上，并对元件进行标注。此命令可同时对多个元件进行标注。

图 7-6　元件操作命令

天正电气平台有一个操作方便的图库管理系统，已经将电气设备图标以"图块"的形式，分门别类地存放在图库的"元件库"中。初学者可以浏览附录，以便尽快熟悉掌握各类设备的符号及名称。通过对话框的形式进行选择，按照不同的方式布置电气系统图。

7.2.1　元件插入

"元件插入"命令的作用类似于"▼ 平面设备"中的"⊗ 任意布置"命令，不同的是元件要插在已有的导线中，同时导线会自动断开。

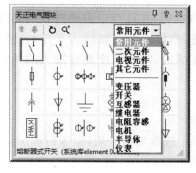

图 7-7　"天正电气图块"对话框

点击天正电气主菜单 ➤ "▼ 系统元件" ➤ "元件插入"命令，弹出"天正电气图块"对话框，如图 7-7 所示。

- 下拉列表：列出系统元件的分类选项。
- 旋转按钮"↻"：按下时可以控制无导线元件插入角度，可以手动输入，也可以用鼠标点取。
- 放大按钮"🔍"：按下即弹出当前元件的放大图样窗口，点击"✖"返回对话框。
- 上翻按钮"⬆"：显示上一页。

建筑电气 CAD

- 下翻按钮"⬇":显示下一页。

如果在导线上选择插入点,元件图块将沿着导线的方向插入,导线自动断开,如图 7-8 所示。

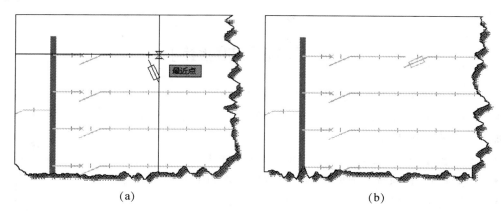

(a)　　　　　　　　　　　　　　　　(b)

图 7-8　元件插入演示

(a)拾取导线上的插入点;(b)元件插入完成

插入一个元件的命令行提示如下:

命令:*yjcr*　　　　　　　　　　　　　　　　　　　　　(🖫 元件插入 命令)

请选择已有设备块<从图库中选取>:　　　　　　　(点取插入元件)

请指定元件的插入点<退出>:　　　　　　　　　　(拾取插入点)

请指定元件的插入点<退出>:　　　　　　　　　　(回车确定)

7.2.2　元件复制

"🖫 元件复制"命令在系统图或原理图中复制已插入图中的元件图块。与"🖫 元件插入"命令不同的是本命令不使用对话框的方法在元件图库中选择元件,而是取图中一个已有的元件图块作为插入元件时的原型。在菜单上选取本命令后,命令行提示:

请选取要复制的元件<退出>:

点选屏幕上一个已有的元件,选中图中元件后不用选取基点,命令行提示:

目标位置:

在屏幕上选取点插入元件,回车退出

此时与"🖫 元件插入"命令一样,也应点取导线上的点,点取后,在该点以前面选到的元件为原型,插入一个元件,同样导线被打断。若插入点无导线,则提示输入新插入元件的旋转角度并有旋转预演,回车按预演角度插入,点右键以原角度插入,输入角度则按输入的角度插入。

7.2.3　元件移动

"🖫 元件移动"将已插入导线中的元件移动位置。在菜单上选取本命令后,命令行提示:

请选取要移动的元件<退出>:

点选或者框选屏幕上已有的元件。选中元件后命令行提示:

150

目标位置：

在屏幕上选取点插入元件，回车退出。在新的位置布置元件，如果点取的插入点在导线上，则该元件插入到该导线中，导线被打断。如果新的插入点无导线，则同"⟨🔧 元件复制⟩"命令一样可以将此元件旋转插入。如果是从导线中移出的元件，则移动后原来位置导线自动连接。

元件移动的命令执行情况如图 7-9 所示：

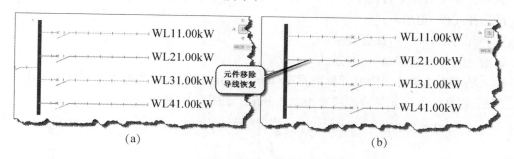

图 7-9　元件移动命令演示
(a)移动之前；(b)移动之后

命令行提示如下：

命令：yjyd

请选取要移动的元件<退出>：指定对角点：找到 4 个

请选取要移动的元件<退出>：

目标位置：

7.2.4　元件替换

"⟨🔧 元件替换⟩"命令可以一次用选中的元件替换图中的多个元件图块。在菜单上选取本命令后，屏幕弹出如图 7-7 所示对话框，依照元件插入的方法在对话框中选取一个元件作为替换的原型，命令行提示：

请选取图中要被替换的设备：

点选或者框选屏幕上已有的元件回车确认替换。可以逐个点取要被替换的元件，也可以框选，回车后选中的元件被新的原型替换。

7.2.5　元件擦除

"⟨🔧 元件宽度⟩"命令将已插入的元件擦除。在菜单上选取本命令后，屏幕命令行提示：

请选取图中要擦除的元件<退出>：

点选或者框选屏幕上已有的元件，执行此命令即选定的元件被擦除。如果原来元件是插入在导线中的，系统将元件擦除后断开的导线自动连接起来。

此命令不可以用 AutoCAD 的"删除 ✏"命令或选中元件后"Delete"键来替代，因为它们不能自动恢复导线。

7.2.6　元件宽度

"⟦元件宽度⟧"命令可以修改系统图所有同名元件线型的宽度。天正元件直接采用粗线绘制，且宽度可调，为当前系统导线的宽度。如果仍然希望采用细线绘制，可将系统导线宽度设为0。本命令可用来修改图中所有同名元件的宽度。

执行此命令后命令行提示：

请选择元件<退出>：

选择元件后，命令行接着提示：

请输入元件的宽度（0～1）<退出>：

输入的宽度为实际出图时元件的宽度（mm），AutcCAD 表示为输入宽度×当前比例。

例如：线宽为0的元件改为线宽为0.35mm。如图7-10所示。

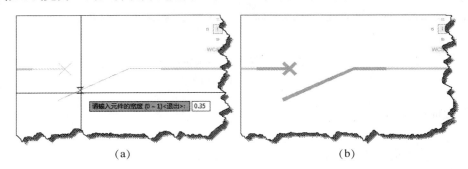

（a）　　　　　　　　　　　　　　　（b）

图7-10　"元件宽度"命令演示
（a）选中元件后；（b）线宽的修改

7.2.7　沿线翻转

"⟦沿线翻转⟧"命令将已插入导线的元件沿导线方向翻转。在菜单上选取本命令后，屏幕命令行提示：

请选取要翻转的元件<退出>：

点选已有的待翻转的元件，回车退出。

根据提示选取要翻转的元件，执行后选中的元件沿导线方向翻转。

7.2.8　侧向翻转

"⟦侧向翻转⟧"命令将已插入导线的元件以导线为轴作侧向翻转。在菜单上选取本命令后，屏幕命令行提示：

请选取要翻转的元件<退出>：

点选已有的待翻转的元件，回车退出。

根据提示选取要翻转的元件执行后，选中的元件以导线为轴作侧向翻转。

7.2.9　造元件

"〔🔘 造元件〕"命令与"〔🔲 造消防块〕"命令类似,其功用是:根据需要绘制或对已有图块进行改造做成元件图块,并存入元件库中。

虽然天正电气的元件库中提供了一些绘图所需的元件,但是仍然有需要的元件图块可能没有收入到元件库中,为此,系统提供了造元件命令来根据需要制造新的元件图块,并收入到元件库中以备随时使用。

在菜单上选取本命令后,命令行提示:

请选择要做成图块的图元<退出>:

点选或框选要作成元件的图元回车结束选取。选择完新元件块的组成图元后回车,命令行提示:

请点选插入点<退出>:

选择新元件块的图块插入点,回车放弃造元件。

在需要造的新元件块上选择一点作为新元件块的插入点,该点在执行插入元件等命令时用来定位。

单击鼠标左键点选插入点后,屏幕弹出如图 7-11 所示的"入库定位"对话框。此时当前图库为元件图库,在树状结构中选取所要入库的元件类型,并在"图块名称"编辑框中输入新元件的名称,单击"〔新图块入库〕"按钮即可以存入所需的元件图块。也可选择"〔旧图块重制〕"按钮进入图库管理系统选择要重制的图块,重新制作该图块。

图 7-11　"入库定位"对话框

7.2.10　元件标注

"〔KM 元件标注〕"命令的功用是:对系统图中所选元件进行信息参数的输入,同时将标注数据附加在被标注的元件上,并对元件进行标注。此命令可同时对多个元件进行标注。

在菜单上选取本命令后,屏幕命令行提示:

请选择元件范围<整张图>:

选择需要标注的元件,或点击右键对全图范围内的元件进行选择,命令行接着提示:

请选择样板元件<退出>:

确定后,弹出"元件标注"对话框。如图 7-12 所示。

• "旋转 90 度"针对于竖向布置的元件标注,可将标注文字旋转 90°与元件、导线平行。

• "填系统表"应用在订货表上标注的情况。

• "标注位置"也针对于竖向布置的元件标注,设置标注文字在元件左侧还是右侧。对于横向布置的元件,标注文字始终位于元件上方。

图 7-13 为元件标注示例。

点击天正电气主菜单 ▶"〔▼ 系统元件〕"▶"〔KM 元件标注〕"命令,命令行提示:

命令:*yjbz*

　　　　　　　　　　　　　　　　　　　　　　　　　（〔KM 元件标注〕命令）

请选择元件范围<退出>:指定对角点:

　　　　　　　　　　　　　　　　　　　　　　　　　（框选）

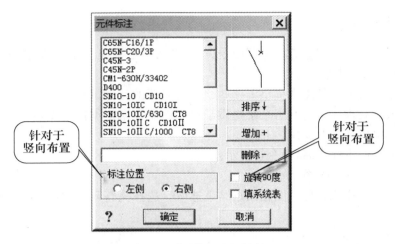

图 7-12 "元件标注"对话框

请选择元件范围<退出>：　　　　　　　　　　　　　　　　　　　　　　　　（回车确定）

请选择样板元件<退出>：　　　　　　　　　　　　　　　　　　　　　　　　（拾取元件）

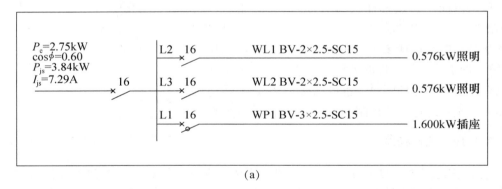

(a)

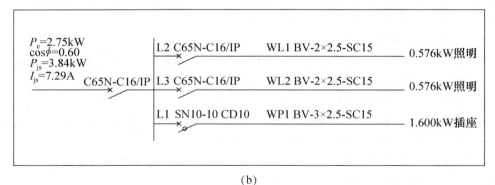

(b)

图 7-13 "元件标注"示例

(a)标注前；(b)标注完成

说明：当框选范围内有多个不同的元件时，如图 7-13 中有 3 个普通断路器，1 个带漏电流保护的断路器。如拾取某个元件为样板元件，则弹出相应的对话框。如图 7-14 所示。

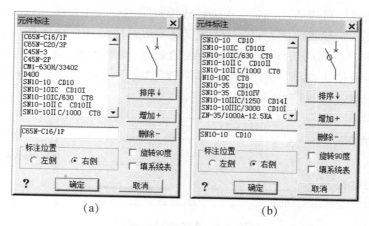

图 7-14 选择样板元件后弹出相应的对话框

(a)普通断路器的"元件标注"对话框；(b)带漏电流保护的断路器的"元件标注"对话框

在对话框中选择合适的信息和参数后，点击" 确定 "按钮完成" 元件标注 "命令。相同元件的标注会自动一次完成。

7. 2. 11 系统导线

" 系统导线 "命令的功用是：绘制系统图或原理图中的导线，并在导线上按固定的间距画短分格线。本命令绘制导线便于利用分格导线上的分格来作为插入元件的基准点。

使用"系统导线"命令绘制的导线上按等间距绘有一条条短分格线，这些分格线的间隔为 750mm，恰好是元件块长度的一半。在导线上插入元件时，插入点应尽量选在分格线与导线的交点上，这样既能使图形美观，还可避免绘图的错误。

点击天正电气主菜单 ➤ " 系统元件 " ➤ " 系统导线 "命令，弹出"系统图—导线设置"悬浮式对话框，如图 7-15 所示。

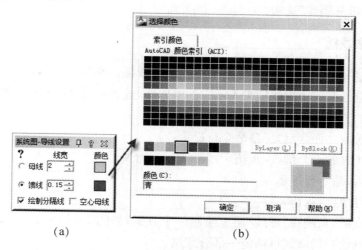

图 7-15 "系统图—导线设置"对话框

(a)"悬浮式"对话框；(b)"选择颜色"对话框

在这个对话框中可以通过一对互锁按钮选择是绘制母线还是馈线,还可以调整线宽编辑框确定所绘制系统导线的线宽;单击母线或馈线所对应的颜色编辑框可以弹出"选择颜色"对话框(如图 7-15(b)所示),选择系统导线的颜色;如果选定"绘制分格线"选择框则所绘制的馈线带有分格线,否则没有分格线;如果选定"空心母线"选择框则所绘母线为空心母线,否则为实心母线。如图 7-16 所示。

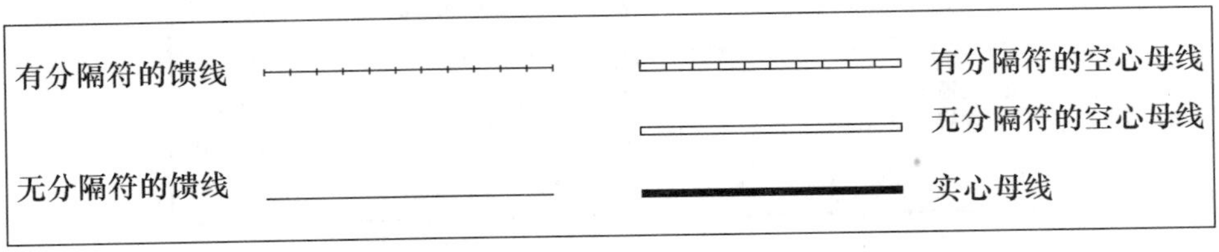

图 7-16　系统母线示例图

设置好系统导线数据后,屏幕命令行提示:

请点取导线的起点 {回退[U]} <退出>:

点取起始点后,反复提示上面的话,在操作过程中如果发现最后画的一段或几段导线有错误,可以键入"U"回退到发生错误的前一步,然后继续绘图工作,直至<回车> 退出。

用本命令绘制的导线与" 平面布线 "绘制的导线有三点不同:

(1)以距离为 750mm(元件长度的一半)倍数绘制导线,还可以根据需要在导线上以 750mm 为间隔插入分格线。

(2)只能用于绘直导线,不能绘弧线。

(3)因为系统图导线都是垂直或水平的,所以"正交"。

当需要在绘制的导线中插入元件图块时,应尽量用本命令来绘制导线。

窍门:插入分格线的优点在于可以保证对齐插入元件后,出图前可在下拉菜单"工具" "选项"命令中的" 电气设定 "标签中选中"关闭分隔层"选项。如果不习惯绘制分格线,也可不选中"系统带分隔线"选项。

7.2.12　虚线框

" 虚线框 "命令在系统图或电路图中绘制虚线框。在电气图中对一组或图中一个区域中的元件组合绘制一个虚线框来表示它的整体性,或表示它可以实现一种功能,相当于一个模块的表示。

在菜单上选取本命令后,屏幕命令行提示:

请点取虚线框的一个角点<退出>:

点取一点后,命令行提示:

再点取其对角点<退出>:

点取对角点后,系统在"虚线"层上绘制一个方框,如图 7-17 所示。在系统图或电路图中有时需要绘制这样的虚线框圈定一部分线路。

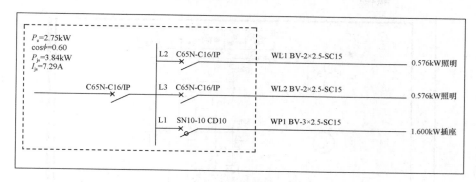

图 7-17　绘虚线框示例

7.3　原　理　图

这里所说的原理图是电气原理图，是用来表明电气控制系统的工作原理，采用电器元件展开的形式绘制的电气图。该图不按电器元件实际布置绘制，而是根据电器元件在电路中所起的作用画在不同的部位上。作用是：用于分析研究系统的组成和工作原理，为寻找电气故障提供帮助，同时也是编制电气接线图的依据。特点是：结构简单，层次分明。运用电气原理图的方法和技巧，对于分析电气线路，排除电路故障是十分有益的。电气原理图一般由主电路、控制电路、保护、配电线路等几部分组成。

主电路——设备的驱动电路，包括从电源到用电设备的电路，是强电流通过的部分，用粗实线表示。

控制电路——由按钮、接触器和继电器的线圈、各种电器的常开、常闭触点等组合构成的控制逻辑电路，实现所需要的控制功能，是弱电流通过的部分。

保护电路——鉴于电源电路存在一些不稳定因素，而设计用来防止此类不稳定因素影响电路效果的回路称作保护电路。比如有过流保护、过压保护、过热保护、空载保护、短路保护等。

配电线路——从降压变电站把电力送到配电变压器或将配电变压器的电力送到用电单位的线路称为配电线路。配电线路电压为 3.6～40.5kV，称高压配电线路；配电电压不超过 1kV、频率不超过 1000Hz、直流不超过 1500V，称低压配电线路。配电线路的建设要求安全可靠，保持供电连续性，减少线路损失，提高输电效率，保证电能质量良好。

7.3.1　原理图库

图 7-18 为一简单的控制原理图。

正常安装天正电气平台后，可以利用"原理图库"命令将现成的原理图插入到图形文件中，再根据需要进行编辑修改，完成新的原理图。

点击天正电气主菜单的" ▾ 原理图 " ➤ " 原理图库 "命令，弹出"天正图集"对话框，如图 7-19（a）所示。在对话框的左上角的列表框中列出所有原理图类别，左下角显示各类别下的原理图名称。选定相应原理图可在右侧预演 dwg 完全内容，可点击鼠标中键或滚轮详细查看内容，选择需要的标准图样后，点击" 确定 "按钮，将图样插入到文件中。

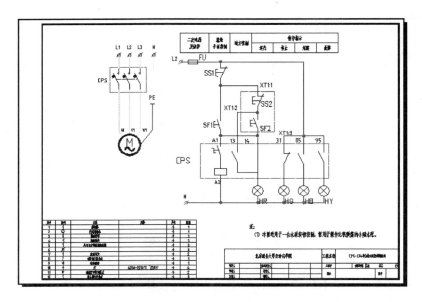

图 7-18　水泵控制电路图

命令行提示如下：

命令:tztj　　　　　　　　　　　　　　　　　　　　（ 原理图库 命令）

忽略块 AR3_INFO 的重复定义。

请点选插入点<中心点>：　　　　　　　　　　　　　（点选插入位置）

插入图形比例为 1：1，图中的文字比例为 1：100。是以图块的形式插入的，必须用"□"命令将其分解，才可以进行编辑。如果是在一个新图中插入标准图样，可以看到新增加了一些图层，如图 7-19(b)所示。各图层分别存放的内容为：

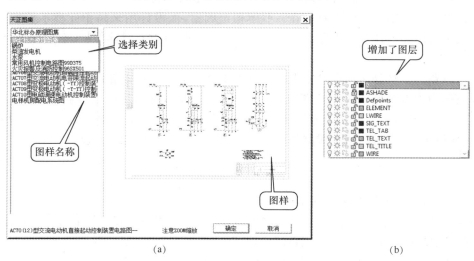

(a)　　　　　　　　　　　　　　　　　(b)

图 7-19　"天正图集"对话框

(a)对话框；(b)图层状态栏

· ELEMENT——系统元件。

- LWIRE——连接点。
- SIG_TEXT——系统元件代号的标注。
- TEL_TAB——系统元件统计表格。
- TEL_TEXT——图中的线框(非导线)。
- TEL_TITLE——图框标题栏,应该将其删除,因为图框和标题栏应该放在布局空间。
- WIRE——系统导线。

对话框中的图样数量是有限的,图样不可能完全适用,但是可以利用天正电气的" 图库管理 "功能,将自己编辑修改的原理图入库保存备用。

点击天正电气主菜单的" ▶ 设　置 "➤" 图库管理 "命令,弹出"天正图库管理系统"对话框,如图 7-20 所示。

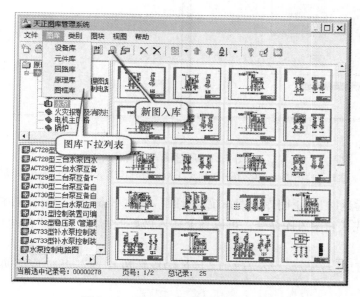

图 7-20　"天正图库管理系统"对话框

这里存放了天正系统的所有图块内容,从"图库"下拉列表中选择需要的图库,就可以浏览到相应的内容。点击" "按钮执行新图入库命令,过程如图 7-21 所示。

操作过程的命令行提示如下:

命令:T83_tkw　　　　　　　　　　　　　　　　　　　　　　　(图库管理 命令)

选择构成图块的图元:指定对角点:找到 113 个　　　　　　　　　　(框选结果)

选择构成图块的图元:　　　　　　　　　　　　　　　　　　　　(回车确定)

图块基点<(14826.5,21382.9,- 1.5e- 005)>:　　　　　　　(拾取插入点)

制作幻灯片(请用 zoom 调整合适)或[消隐(H)/不制作返回(X)]<制作>:

　　　　　　　　　　　　　　　　　　　　　　　　　　　　(选择"制作"选项)

忽略块$TelecSys$00000006 的重复定义。　　　　　　　　　　(系统自动处理)

……

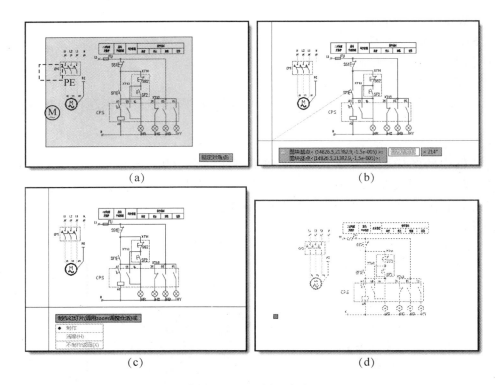

图 7-21　原理图入库演示

(a)框选入库图形；(b)确定图样的插入点；(c)制作幻灯片；(d)插入后为整体(块)

系统处理后返回"天正图库管理系统"对话框,在左下方的样图名称栏中修改图样名称,点击"▣"按钮完成新图入库命令。可以马上插入做好的图样,相当于图块插入命令。命令行提示如下:

点取插入点或[转 90(A)/左右(S)/上下(D)/转角(R)/基点(T)/更换(C)/比例(X)]<退出>:　　　　　　　　　　　　　　　　　　　　　　　　　　(拾取插入点)

点取插入点或[转 90(A)/左右(S)/上下(D)/转角(R)/基点(T)/更换(C)/比例(X)]<退出>: (回车确定)

插入结果如图 7-21(d)所示。执行分解"▣"命令后,才可以编辑修改。

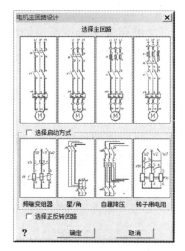

图 7-22　"电机主回路设计"对话框

7.3.2　电机回路

"▦电机回路"命令的功用是绘制电机主回路,并可以选择适当启动方式、测量保护等接线形式。不论什么样的主回路都是由基本形式构成的,复杂之处只是在于附加的功能有所不同。

点击天正电气主菜单的"▼原理图" ▶ "▦电机回路"命令,弹出"电机主回路设计"对话框,如图 7-22 所示。

首先在对话框上选择主回路基本形式。对话框里提供了四种主回路方案供选择,当用左键在主回路的预演框中点选后,则该方案被选定。

如果还需要对主回路加入其他接线方式,则选中"选择启动方式"选项:这时可用鼠标选择对话框中提供的四种启动方式:频敏变组器、星/角、自耦降压、转子串电阻。选择的启动方式回路自动加在主回路上。也可以选择"选择正反转回路"选项,加入正、反转运行方式,该部分被自动加在主回路上。通过这些操作可以绘出复杂的电机主回路,然后选择插入点插入到图中。

7.3.3　绘制多线

"![绘制多线]"命令的功用是:同时连续绘制多条系统导线,提高绘图效率。可以连接已有的导线,也可以绘制新的导线,所绘制导线的存放层为"WIER-系统"。点击天正电气主菜单的"![▼ 原理图]"➤"![绘制多线]"命令,屏幕命令行提示:

请选择需要引出的导线:<新绘制> :

绘制结果如图 7-23 所示。

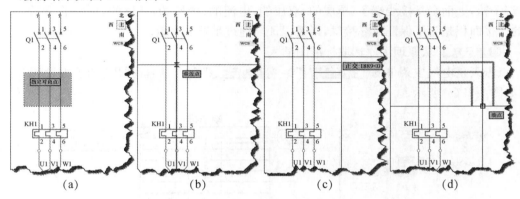

图 7-23　绘制连线演示

(a)左框选要引出的导线;(b)选定引出位置;(c)选定终点位置;(d)绘制结果

命令行提示如下:

命令:*hzdx*　　　　　　　　　　　　　　　　　　　　　　（![绘制多线]命令）

请选择需要引出的导线:<新绘制> 指定对角点:找到 3 个　　　　（框选结果）

请选择需要引出的导线:<新绘制>　　　　　　　　　　　　　（回车确定）

请选取要引出导线的位置<退出>　　　　　　　　　　　　　（鼠标选取）

请输入终点<退出>　　　　　　　　　　　　　　　　　　　（鼠标选取）

请输入终点<退出>　　　　　　　　　　　　　　　　　　　（鼠标选取）

请输入终点<退出>　　　　　　　　　　　　　　　　　　　（回车确定）

不选择任何导线,直接右键选择尖括号内的选项"新绘制",命令行提示如下:

请给出导线数<3>:

请给出导线间距<750>:

输入起始点<退出>:

输入终止点<退出>:

根据命令行的提示,依次选择输入一次要绘制的导线根数、导线间的距离后,即可绘制导线，也可以根据需求，快速的绘制其他导线。

7.3.4 端子表

接线端子（如图 7-24 所示）就是用于实现电气连接的一种配件产品，工业上划分为连接

器的范畴。随着工业自动化程度越来越高和工业控制要求越来越严格、精确，接线端子的用量逐渐上涨。随着电子行业的发展，接线端子的使用范围越来越多，而且种类也越来越多。目前用得最广泛的除了 PCB 板端子外，还有五金端子，螺帽端子，弹簧端子，等等。

图 7-24　接线端子

接线端子是为了方便导线的连接而应用的，它其实就是一段封在绝缘塑料里面的金属片，两端都有孔可以插入导线，有螺丝用于紧固或者松开，比如两根导线，有时需要连接，有时又需要断开，这时就可以用端子把它们连接起来，并且可以随时断开，而不必把它们焊接起来或者缠绕在一起，很方便快捷。而且适合大量的导线互联，在电力行业就有专门的端子排，端子箱，上面全是接线端子，单层的，双层的，电流的，电压的，普通的，可断的，等等。一定的压接面积是为了保证可靠接触，以及保证能通过足够的电流。

"▦ 端子表"从原理图库选取标准图插入。

点击天正电气主菜单的"▾ 原理图"➤"▦ 端子表"命令，屏幕弹出"端子板设计"对话框，如图 7-25（a）所示。

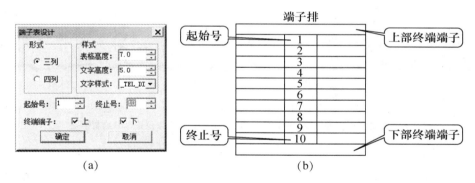

图 7-25　"端子板设计"
（a）"端子板设计"对话框；（b）生成端子排示例

这个对话框用于设定端子表的形式，对话框中各项用法如下：

• ［形式］：在其中有［三列］、［四列］一对互锁按钮，通过选择端子表的列数可以决定绘出的端子表列数形式。如图 7-25（b）所示为三列端子表。

• ［样式］：是对端子表格的样式的设计，其中［表格高度］指生成的端子表的表格间距；［文字高度］指端子表表格中的文字的高度；［文字样式］指端子表中文字的样式。

• ［起始号］：端子表列数起始号，指从上往下数除去表头和上部终端端子行的第一列的起始数字。

• ［终止号］：端子表列数终止号，指从下往上数除去下部终端端子行的那列的数字。［终止号］和［起始号］的数值之差决定了整个端子表的列数。

•［终端端子］:包括了［上］、［下］两个选择框,由用户选择是否在端子表中加入上部终端端子行或下部终端端子行。

在对话框中设置好端子表的各项参数后,点击"　确定　"按钮,对话框消失,命令行提示:

点取表格左上角位置或{参考点[R]}<退出>:

在屏幕上点取某一点后端子表自动绘制到图中,如图 7-25(b)所示。

该命令生成一个空白的"端子排",内容由手工填写(可用表格填写功能)。

端子排——电力电子配接线中,凡屏内设备与屏外设备相连接时,都要通过一些专门的接线端子,这些接线端子组合起来,便称为端子排。端子排的作用就是将屏内设备和屏外设备的线路相连接,起到信号(电流电压)传输的作用。有了端子排,使得接线美观,维护方便,在远距离线之间的联接时主要是牢靠,施工和维护方便。

接线端子排,常用英文字母和数字,或用汉语拼音字母加数字的方式,来标明接线端子排最大接处点电流的流通量,以及接线端子排的尺寸和端点数量,也有用来表明厂家系列产品的型号。

7.3.5　端板接线

"圃 端板接线"命令的功用是:对由"圃 端子表"命令插入的"端子排"进行具体设计。

此命令综合了旧版多个命令,包括"短接两个端子"、"试验端子"、"连接型试验端子"、"联络端子"、"接地端子"、"端板引线"、"端板引线 2",其作用是在绘制好端子表的各端子处引出引线或在端子上连接各种端子。

点击天正电气主菜单的"▼ 原理图"➤"圃 端板接线"命令,弹出如图 7-26 所示的"端子排—接线"悬浮式对话框,在本对话框中提供了各种端子接线和引出线的形式,可以在选中需要的端子和引线形式后,再在所绘制的端子表中进行绘制端子和引线的操作。

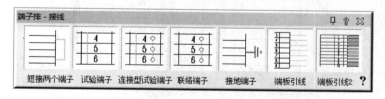

图 7-26　"端子排—接线"对话框

首先说明"端子排—接线"对话框中各个端子或引线:

•［短接两个端子］:指在两个端子之间连接导线使之短接,所绘制的形式如预演框所示。

提示:点取第一个单元格:

操作:在要短接的启始行上点一下。　　　　　　　　　　　　（只能在第一列或最后一列选择）

提示:点取最后一个单元格:

操作:在要短接的终止行上点一下。　　　　　　　　　　　　（只能在第一列或最后一列选择）

•［试验端子］:在点取的一行内插入试验端子,所绘制的形式如预演框所示。操作方法同"联络端子"。

• ［连接型试验端子］：在点取的一行内插入试验端子和每相邻的两行之间插入联络端子，所绘制的形式如预演框所示。操作同"联络端子"。

• ［联络端子］：在每相邻的两行之间插入联络端子，所绘制的形式如预演框所示。

提示：点取第一个单元格：

操作：在要绘制联络端子的启始行上点一下。

提示：点取最后一个单元格：

操作：在要绘制联络端子的终止行上点一下。

• ［接地端子］：在端子表插入接地端子，所绘制的形式如预演框所示。

提示：点取第一个单元格：

操作：在要绘制联络接地端子的单元格上点一下。

• ［端板引线］：在端子表上所选端子侧引出出线电缆，所绘制的形式如预演框所示。

提示：点取第一个单元格：

操作：在要引出出线电缆的启始行上点一下。

提示：点取最后一个单元格：

操作：在要引出出线电缆的终止行上点一下。

• ［端板引线 2］：在端子表上所选端子侧引出出线电缆，并且每个出线电缆都有另外一条分支引出电缆，操作同"端板引线"。

图 7-27 所示为"端子排"接线示例。

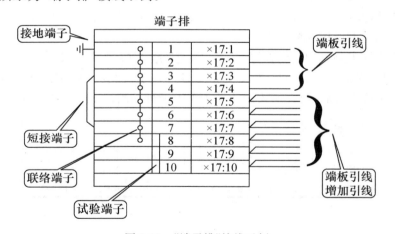

图 7-27 "端子排"接线示例

7.3.6 转换开关

一种可供两路或两路以上电源或负载转换用的开关电器。转换开关由多节触头组合而成，在电气设备中，多用于非频繁地接通和分断电路，接通电源和负载，测量三相电压以及控制小容量异步电动机的正反转和星-三角启动等。这些部件通过螺栓紧固为一个整体。

转换开关又称组合开关，与刀开关的操作不同，它是左右旋转的平面操作。转换开关具有多触点、多位置、体积小、性能可靠、操作方便、安装灵活等优点，多用于机床电气控制线路中电源的引入开关，起着隔离电源作用，还可作为直接控制小容量异步电动机不频繁启动和停止的控制开关。转换开关同样也有单极、双极和三极。如图 7-28 所示。

图 7-28　转换开关

　　转换开关是刀开关的一种发展,其区别是刀开关操作时上下平面动作,转换开关则是左右旋转平面动作,并且可制成多触头、多档位的开关。

　　转换开关的主要用途:可作为电路控制开关、测试设备开关、电动机控制开关和主令控制开关,以及电焊机用转换开关等。转换开关一般应用于交流 50Hz,电压至 380V 及以下,直流电压 220V 及以下电路中转换电气控制线路和电气测量仪表。例如常用 LW5/YH2/2 型转换开关常用于转换测量三相电压使用。

　　"⚏ 转换开关"命令的功用是:在回路中插入转换开关。是在已画好的导线上绘制转换开关。

　　点击天正电气主菜单的"▼ 原理图"▶"⚏ 转换开关"命令,要求确定转换开关的"起点"和"终点",根据提示依次点取转换开关两条侧边虚线的始、末点,转换开关两边虚线便画好,被这两条虚线截到的导线亮显。这时命令行提示:输入转换开关位置数(3 或 6),输入"3"或"6"确定转换开关的位置数,然后按命令行提示:

　　请输入端子间距<1500.000000>

　　从图中选取或直接键入数值确定转换开关中端子之间的距离,再按命令行提示:

　　请拾取不画转换开关端子的导线<结束拾取>

　　此时可拾取不画转换开关端子的导线,使其不参与绘制转换开关。之后,在虚线与导线的交叉点处被插入端子。最后还可以点取转换开关中其他虚线的始、末点,画出这些虚线。

　　图 7-29 所示为转换开关位置数为 3 的绘制过程,命令行提示如下:

　　命令:zhkg

　　请输入起点(与此两点连线相交的线框将插入转换开关)<退出>:

　　请输入终点<退出>:

　　请输入转换开关位置数(3 或 6)<3>

　　请输入端子间距<1500.000000>

　　请拾取不画转换开关端子的导线<结束拾取> 找到 1 个

　　……

　　请拾取不画转换开关端子的导线<结束拾取> 找到 1 个,总计 5 个

请拾取不画转换开关端子的导线<结束拾取>

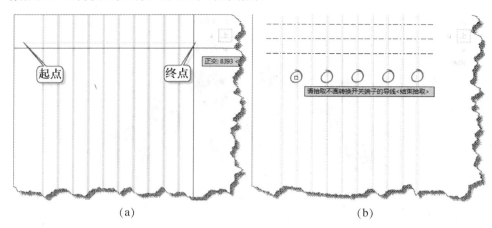

(a)　　　　　　　　　　　　(b)

图 7-29　转换开关位置数为 3

(a)确定起点和终点；(b)拾取不画转换开关端子的导线

图 7-30 所示为转换开关位置数为 6 的绘制过程，命令行提示如下：

命令：ZHKG

请输入起点(与此两点连线相交的线框将插入转换开关)<退出>：

请输入终点<退出>：

请输入转换开关位置数(3 或 6)<3> 6

请输入端子间距<1500.000000>

请拾取不画转换开关端子的导线< 结束拾取> 找到 1 个

……

请拾取不画转换开关端子的导线< 结束拾取> 找到 1 个,总计 5 个

请拾取不画转换开关端子的导线< 结束拾取>

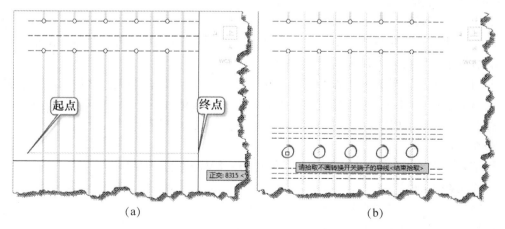

(a)　　　　　　　　　　　　(b)

图 7-30　转换开关位置数为 6

(a)确定起点和终点；(b)拾取不画转换开关端子的导线

两次命令的结果如图 7-31 所示。

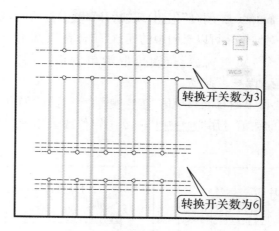

图 7-31　绘制转换开关的结果

7.3.7　闭合表

"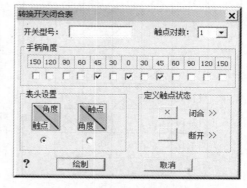

"闭合表"命令的功用是：绘制转换开关闭合表，并可以根据需要定义闭合表中的触点状态。

点击天正电气主菜单的"原理图"▶"闭合表"命令，弹出"转换开关闭合表"对话框，如图 7-32 所示。关于对话框中的内容解释如下：

图 7-32　"转换开关闭合表"对话框

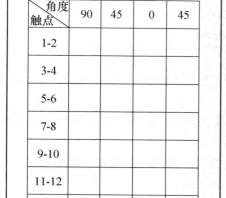

图 7-33　生成转换开关空白闭合表

• 开关型号：在编辑框中输入开关的型号，生成闭合表时置于表头。

• 触点对数：从下拉菜单中选取触点的对数。

• 手柄角度：在要添加到表格中的手柄角度下面的选择框中打勾。

• 表头设置：提供了两种表头的形式。

• 触点状态：在闭合表中选择触点是闭合还是断开，点取按钮后退出对话框，点取触点单元格，加入表示触点状态的符号。

定义好闭合表中的所有参数以后，单击"绘制"按钮，退出对话框，屏幕命令行提示：

点取表格左上角位置或{参考点[R]}<退出>：

在屏幕上选取要插入转换开关闭合表的位置点，则将空白的"闭合表"插入到图中，如图 7-33 所示。

注意：需要重新打开"转换开关闭合表"对话

167

框,才可以定义触点状态。点击"闭合"(×)或"断开"(□)按钮时,系统暂时关闭主对话框(单击鼠标右键则返回对话框),可以对图中的任意"闭合表"定义触点状态。点击"×"按钮可在单元格内绘制"×",点击"□"按钮可取消单元格内的"×"。定义完成后点击"取消"按钮退出"闭合表"命令。

表格中的"×"大小可以用右键菜单的"表列编辑"命令打开"列设定"对话框,调整"文字参数"中的"行距系数"的数值。用"全屏编辑"命令编辑修改表格中的其他内容,如角度值的表示,如图 7-34 所示。

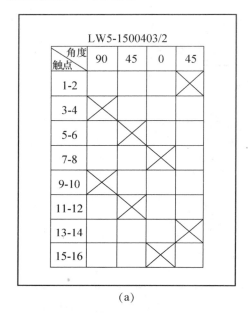
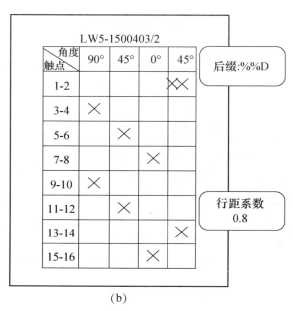

(a)   (b)

图 7-34 "闭合表"编辑
(a)编辑之前;(b)编辑之后

7.4 照明系统图

照明属于强电系统,我们将强电工程定义为:将电能引入建筑物,进行电能再分配并通过用电设备将电能转换成机械能、热能和光能等。

照明配电系统一般由进户线、总配电箱(柜)、干线、分配电箱(柜)、支线和用电设备(灯具、插座等)组成。图 7-35 所示为供电系统的示意图。

常用的电源进户方式有两种:低压架空进线和电缆埋地进线。其他名词解释如下:

• 进户线——是由建筑物外引至总配电箱的一段线路。
• 干线——是从总配电箱到分配电箱的线路。
• 支线——是由分配电箱引到各用电设备的线路。

图 7-36 所示为一简单的配电箱系统图。

图 7-36 表达了配电箱的回路的名称、个数、负载、功用等,还有导线的规格、敷设方式,并计算了总负荷(P_e)、计算功率(P_{js})、计算电流(I_{js})。

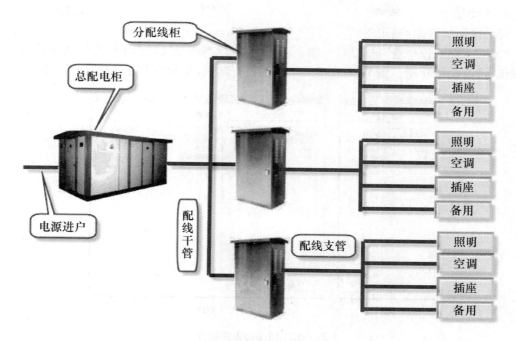

图 7-35　供电系统示意图

序号	回路编号	总功率	利用系数	功率因数	额定电压	设备相数	视在功率	有功功率	无功功率	计算电流
1	WL1	0.4	0.80	0.80	220	L2	0.40	0.32	0.24	1.82
2	WL2	2*1.2	0.80	0.80	220	L1	2.00	1.60	1.20	9.09
3	WL3	0.5	0.80	0.80	220	L3	0.50	0.40	0.30	2.27
4	WL4	0.5	0.80	0.80	220	L3	0.50	0.40	0.30	2.27
5	WL5	0.4	0.80	0.80	220	L3	0.40	0.32	0.24	1.82
6	WL6	1.0	0.80	0.80	220	L2	1.00	0.80	0.60	4.55
总负荷:P_e=4.80kW			总功率因数$\cos\phi$=0.80			计算功率:P_{js}=4.80kW			计算电流I_{js}=9.12A		

图 7-36　配电箱系统图

功率因数——在交流电路中,电压与电流之间的相位差(ϕ)的余弦,用符号 $\cos\phi$ 表示,在数值上,功率因数是有功功率和视在功率的比值,即 $\cos\phi = P/S$。功率因数的大小与电路的负荷性质有关,如白炽灯泡、电阻炉等电阻负荷的功率因数为 1,一般具有电感性负载的电路功率因数都小于 1。功率因数是电力系统的一个重要的技术数据。功率因数是衡量电气设备效率高低的一个系数。功率因数低,说明电路用于交变磁场转换的无功功率大,从而降低了设备的利用率,增加了线路供电损失。所以,供电部门对用电单位的功率因数有一定的标准要求。

在天正电气的子菜单“▼ 强电系统”中有三个绘制系统图的主要命令。

7.4.1　回路检查

“回路检查”命令的功用是:检查平面图中绘制的回路,并对错误的回路重新赋值(回路编号)。

点击天正电气主菜单 ➤“▼ 强电系统”➤“回路检查”命令,命令行提示:

命令:hljc   (![回路检查]命令)
请选择图纸范围<整张图>:   (框选范围或确定)

弹出"回路赋值检查"对话框,如图 7-37(a)所示。本命令只对图中已有的回路进行检查和赋值,没有绘制功能。图 7-37(b)为图 6-1 的检查结果,此命令不可以在"图纸空间"使用。

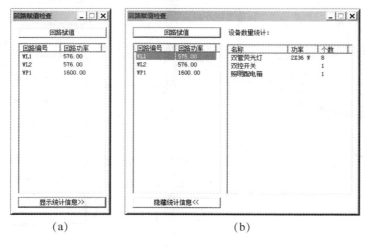

图 7-37　回路检查对话框
(a)不显示统计信息;(b)显示统计信息

在对话框中可以浏览到 3 条回路的基本情况,回路功率以及各回路中设备的名称和数量。点击"![回路赋值]"按钮,对话框会暂时关闭,并提示选择导线。选中某一段导线后,可以键入新的回路名称,同时该导线所在回路处于变色闪烁状态,可以观察到回路的走向和设备的连接情况。点击鼠标右键结束闪烁,可以选择下一个回路。如果不选,回车返回"回路检查"对话框。

点击"![回路赋值]"按钮后的命令行提示如下:
请选择赋值导线<退出>   (等待选择)
Ztsf   (系统内部调用)
命令:sfhf   (内部透明命令)
命令:
请输入新的回路编号<WP1>:   (输入回路名称并确定)

对检查到的回路错误应该进行修改,检查出的主要错误为:①回路不完整;②设备连接不正确;③回路编号混乱。

7.4.2　照明系统

"![照明系统]"命令的功用是:绘制简单的照明系统图。

点击天正电气主菜单 ➤ "![▼强电系统]" ➤ "![照明系统]"命令,弹出"照明系统图"对话框,如图 7-38 所示。

可以根据需要选择回路数量,绘制方向(见右侧的预览框),可以参考预览框中的标注(S、L、D),调整系统图的:

- 引入线长度(S)；
- 支线长度(L)；
- 支线间隔(D)。

可以根据需要选择"进线带电度表"或"支线带电度表"复选框，确定是否在进线和支线上添加电度表，如图 7-39 所示。

为计算电流提供适当的数据：功率因数、利用系数，可参考有关规范。

图中的文字大小可以用文字的"右键快捷菜单"中的命令进行调整。

"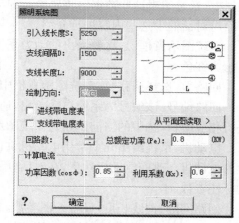 从平面图读取 > "按钮的功用是从平面图中读取各回路的信息绘制系统图。命令行提示如下：

图 7-38　"照明系统图"对话框

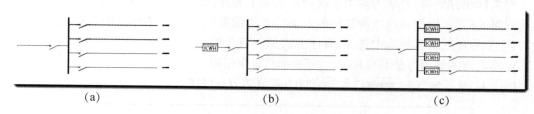

图 7-39　简单的照明系统图
(a)不带电度表；(b)加进线电度表；(c)加支线电度表

命令：zmxt

请选择平面图范围<退出> 指定对角点：找到 29 个

请选择平面图范围<退出>

请输入插入点<退出>

（ 照明系统 命令）

（ 从平面图读取 > 命令）

（框选范围）

（确定系统图的插入点）

从平面图读取的前提是平面图中回路的布置没有错误，否则无法得到正确的信息，应事先用" 回路检查 "命令检查纠正后执行。

对于要求绘制复杂的照明系统图，或希望"计算电流"根据三相平衡进行计算，应选择" 系统生成 "命令来绘制。

7.4.3　动力系统

" 动力系统 "命令的功用是：绘制简单的动力系统图。

点击天正电气主菜单 ➤ " ▼ 强电系统 " ➤ " 动力系统 "命令，弹出"动力配电系统图"对话框，如图 7-40 所示。此对话框分上下两部分，上部分左侧为系统图示意框，右侧为一些

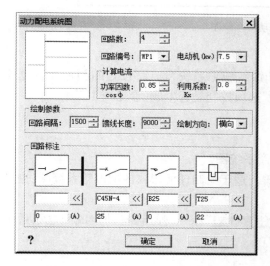

图 7-40　"动力配电系统图"对话框

编辑框,通过编辑这些数据对将要绘制的动力系统图进行设定;下部分为回路标注编辑框。下面对对话框中这些内容进行介绍。

系统图示意框:是将要绘出的动力系统图的简单图形形状,当前编辑的线路在示意图中显示为红色。

回路数:选择回路数,系统图示意框中的图像根据回路数增减发生变化。

回路编号:该编号为系统自动给出,通过选择不同的回路编号来选择回路作为当前回路进行相应编辑,选中的当前回路在系统图示意框中用红色表示。

电动机:系统给出几个常用电动机供选择,可根据系统图示意框中红线提示选择该线路上的电动机。改变电动机功率,在对话框下面的回路标注中自动根据"华北标"给出该回路的标注参数。

回路间隔、馈线长度:设置绘图参数。

绘制方向:绘制动力系统图时回路排列的方向,有横向和竖向两种选择。

回路标注:第一行显示为动力系统回路绘制中元件的样式,该样式不得更改。下两行为当前回路的标注,根据该回路所选择的电动机系统依据"华北标"自动给出标注,可以手动修改,其中型号可以从型号库中选择,具体方法见下节介绍。

计算电流的使用方法及作用与" 照明系统 "命令相同。

图 7-41 所示为" 动力系统 "命令绘制的简单动力系统图。

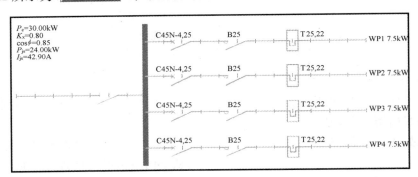

图 7-41　简单动力系统图

注意:自动生成的配电箱系统图,其母线和馈线根据系统"选项"设置的颜色和宽度绘制;分隔线由系统"选项"的"系统导线带分隔线"选项控制是否生成(参见图 1-27)。

7.4.4　系统生成

" 系统生成 "命令的功用是:自定义配置任意系统图。

本命令是照明系统、动力系统的综合和完善。适于绘制任何形式的配电箱系统图(也可由平面图读取),并完成三相平衡的电流计算。

点击天正电气主菜单 ➤" 弱电系统 " ➤" 系统生成 "命令,弹出"自动生成配电箱系统图"对话框,如图 7-42 所示。

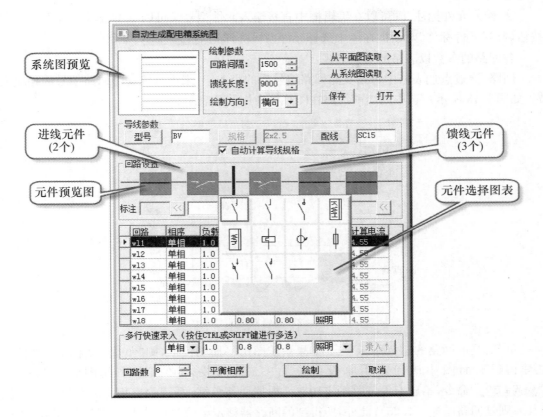

图 7-42　"自动生成配电箱系统图"对话框

　　和" 照明系统 "命令类似,本命令既可由用户定义系统回路信息,也可根据平面图读取回路信息,后者要求绘制平面图时各回路编号定义正确。

　　下面对对话框中每一项的功能进行说明。

　　系统图预览:左上角显示的是将要绘出的配电箱系统图的简单图形形状示意,当前进行编辑的回路在预览图形中显示为红色表示。

　　回路间隔、馈线长度、绘制方向:设置绘图参数。可以选择也可以手动输入。

　　导线参数:分别点击" 型号 "、" 规格 "、" 配线 "按钮可以在弹出的对话框中定义或修改各回路的参数信息。系统有自动计算导线规格功能。

　　从平面图读取:根据平面图读取系统图信息。

　　从系统图读取:拾取已有系统图信息。

　　保存、打开:可将本次设置的配电箱系统图方案存成文件(＊.PDX)以供今后调用。

　　回路设置:

　　① 选择元件:回路设置中五个元件预览框显示该配电箱系统图进线和馈线所使用的元件,其中前两个为进线元件,后三个为当前回路的馈线元件。如无元件,则选择线。例如如果进线只有一个元件,则另一个元件可以选择线,即空选。

　　选择元件的方法:点击元件预览图,在弹出"元件选择"图表中,点击某一元件即返回对话框。

② 输入元件标注：既可以在编辑框中直接输入元件型号又可以点击编辑框右侧的"<<"按钮调出"元件标注"对话框在库中选择元件型号。详见"元件标注"命令。

各回路的参数以表格的形式表现：

回路：通过点选表格中每条支路回路编号后的小按钮，来进行该支路回路编号的相应编辑，如图 7-43 所示。选中的当前线路在图片框中用红色表示。

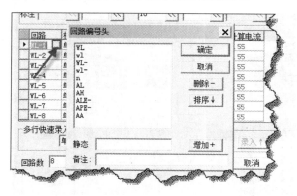

图 7-43　编辑回路编号

负载：当前回路的总负荷(kW)。如果系统图由平面图读取，则"负载"为系统通过自动搜索得到平面图中该回路用电设备总功率。此时要求必须在平面图绘制后执行"设备定义"命令，给所有设备赋额定功率。根据回路负载，系统给出相应断路器整定电流(其原则是回路电流×1.25)；此外，所得到的断路器整定电流与自动生成 BV 导线标注也存在对应关系：(16A-2.5、20A-4、25A-6、32A-10、40-16…)

需用系数、功率因数、用途：通过点选表格中每条支路相应参数后的小按钮，来进行该支路各参数的选择，如图 7-44 所示。也可以手动输入，选中的当前线路在图片框中用红色表示。

图 7-44　"选择参数"对话框
(a)建筑照明类；(b)非工业用电类；(c)工业用电类

回路数：可以手动输入或点选上、下方向列表按钮来增加或减少支路数。如果系统图由平面图读取，则"回路数"为系统通过自动搜索得到平面图中所有已定义的回路总数。

多行快速录入：可以利用该功能同时进行多条支路参数的设置。按住 CTRL 或者SHIFT 键，同时在表格中选择两条以上的支路，在多行快速录入栏中输入对应的参数，然后单击"录入↑"按钮，即准确、快速地一次完成多条支路的参数值设定。

平衡相序：默认为"单相"。点击"平衡相序"按钮，系统自动根据各回路负载指定回路相序

（最接近平衡），也可手工输入各回路相序信息。系统可自动标注导线相序（L1，L2，L3），还可以根据三相平衡进行电流计算。

7.4.5　实例：根据平面图自动生成照明系统图

首先要保证平面图中各回路的绘制符合天正电气系统的要求，并且通过"⊞ 平面统计"命令的检验。如图 7-45 所示。

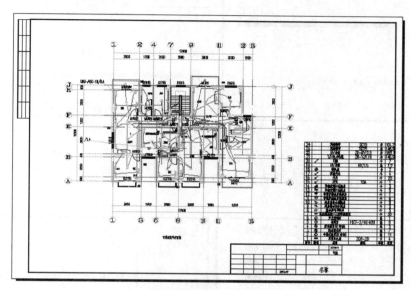

图 7-45　平面图

"┼ 系统生成"命令只可以在模型空间中使用。点击天正电气主菜单 ▶ "▼ 强电系统" ▶ "┼ 系统生成"命令，弹出"自动生成配电箱系统图"对话框，点击"自动生成配电箱系统图"对话框中的"从平面图读取 >"，如图 7-42 所示。对话框暂时关闭，命令行提示：

请选择平面图范围<退出>

此时必须用鼠标框选平面图中的所有电路范围，回车后对话框重新打开，此时对话框中的回路信息应该是从平面图中读到的信息，并根据图中的数据计算出每条回路（共 4 条回路）的计算电流，如图 7-46（a）所示。

根据需要对各回路进行"回路设置"即插入回路中的元件，并进行"标注"，点击"≪"按钮可以读取系统保存的标注。如图 7-46（c）所示。

点击"平衡相序"按钮系统自动计算出各项序电流，如图 7-46（b）所示。如果没有执行这一步，系统会弹出提示，如图 7-46（d）所示。

点击"绘制"按钮，退出对话框，命令行提示：

请输入插入点<退出> 请点取计算表位置

或［参考点（R）］<退出> ：

第一个插入点为系统图的总线的端点，第二个插入点为计算表的左上角。需要注意的问题是，系统图中的标注文字大小可能与图形不匹配，原因是系统设定的字高不合适，如图 7-47（a）所示。除了可以事先设定合适的字高外，也可以用"统一字高"命令进行修改。

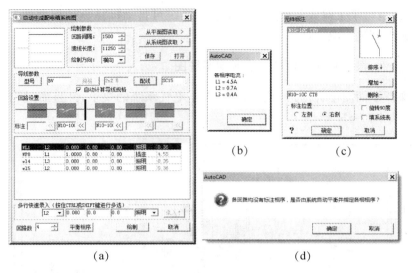

(a)

(b)　　　　　　　(c)

(d)

图 7-46　操作过程

(a)对话框；(b)平衡相序；(c)元件标注；(d)系统提示

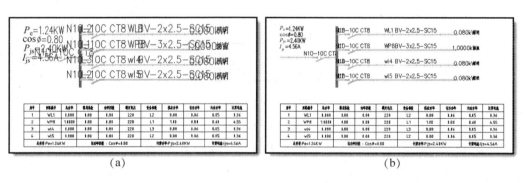

(a)　　　　　　　　　　　　　　(b)

图 7-47　修改标注字体

(a)修改前；(b)修改后

具体方法如下：

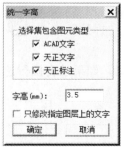

图 7-48　"统一字高"对话框

选中某一标注，执行鼠标右键菜单中的"▲ 统一字高 "命令，命令行提示如下：

命令:tyzg

请选择要修改的文字(ACAD 文字，天正文字，天正标注)<退出>指定对角点:找到 112 个

请选择要修改的文字(ACAD 文字，天正文字，天正标注)<退出>字高()<7mm> 3.5

根据提示可以用鼠标进行框选，也可以分别单选。此命令可以自动排除非字体元素。回车后弹出"统一字高"对话框，如图 7-48 所示。

在对话框中，可以根据需要勾选"选择集"包含的字体类型，输入新的字高值。如果只改变某一层中的字体大小，可以勾选下方的选项，单击" 确定 "按钮完成。

第8章 照度计算

照度(Luminosity)指物体被照亮的程度,采用单位面积所接受的光通量来表示,表示单位为勒克斯(lx),即 lm/m^2。1 勒克斯等于 1 流明(lm)的光通量均匀分布于 $1m^2$ 面积上的光照度。照度是以垂直面所接受的光通量为标准,若倾斜照射则照度下降。

工程上用于照度计算的方法很多,有利用系数法、概算曲线法、比功率法和逐点计算法等。天正电气采用的是利用系数计算法,用于计算平均照度与配灯数。利用系数由带域空间法计算,即先利用房间的形状、工作面、安装高度和房间高度等求出室空间比(支持不规则房间的计算),然后再由照明器的类型参数,顶棚、墙壁、地面的反射系数求出利用系数,最后根据房间照度要求和维护系数就可以求出灯具数和照度校验值。

8.1 基 本 知 识

1. 利用系数的概念

照明光源的利用系数(utilization coefficient)是用投射到工作面上的光通量(包括直射光通和多方反射到工作面上的光通)与全部光源发出的光通量之比来表示,即利用系数:

$$u = \phi e / n\phi$$

利用系数 u 与下列因数有关:

- 与灯具的形式、光效和配光曲线有关。
- 与灯具悬挂高度有关。悬挂越高,反射光通越多,利用系数也越高。
- 与房间的面积及形状有关。房间的面积越大,越接近于正方形,则由于直射光通越多,因此利用系数也越高。
- 与墙壁、顶棚及地板的颜色和洁污情况有关。颜色越浅,表面越洁净,反射的光通越多,因而利用系数也越高。

2. 利用系数的确定

利用系数值应按墙壁和顶棚的反射系数及房间的受照空间特征来确定。房间的受照空间特征用一个"室空间比"(room cabin rate,缩写为 RCR)的参数来表征。

如图 8-1 所示,一个房间按受照的情况不同,可分为三个空间:最上面为顶棚空间,工作面以下为地板空间,中间部分则称为室空间。对于装设吸顶灯或嵌入式灯具的房间,没有顶棚空间;而工作面为地面的房间,则无地板空间。

室空间比:

$$RCR = 5h_{RC}(l+b)/lb$$

式中 h_{RC}——室空间高度;

　　　　l——房间的长度;

　　　　b——房间的宽度(图 8-1 中未显示)。

根据墙壁、顶棚的反射系数及室空间比 RCR,就可以从相应的灯具利用系数表中查出其利用系数。

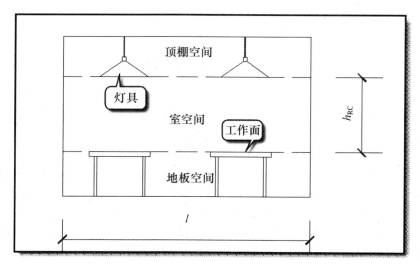

图 8-1　"室空间"示意图

3. 按利用系数法计算工作面上的平均照度

由于灯具在使用期间,光源本身的光效要逐渐降低,灯具也会陈旧脏污,被照场所的墙壁和顶棚也有污损的可能,从而使工作面上的光通量有所减少,所以在计算工作面上的实际平均照度时,应计入一个小于 1 的"减光系数"。因此工作面上实际的平均照度公式为:

$$E_{av} = uKn\phi/A$$

式中　u——利用系数;

　　　K——减光系数(亦称维护系数);

　　　n——灯的盏数;

　　　ϕ——每盏灯发出的光通量;

　　　A——受照房间面积。

为了对照度的量有一个感性的认识,下面举例进行计算。一只 100W 的白炽灯,其发出的总光通量约为 1200lm,若假定该光通量均匀地分布在一半球面上,则距该光源 1m 和 5m 处的光照度值可分别按下列步骤求得:半径为 1m 的半球面积为 $1/2 \times 4\pi \times 1^2 = 6.28 m^2$,距光源 1m 处的光照度值为:1200lm/6.28m^2=191lx。

同理,半径为 5m 的半球面积为:$1/2 \times 4\pi \times 5^2 = 157 m^2$,距光源 5m 处的光照度值为:1200lm/157m^2=7.64lx。

4. 确定照度的原则

应根据工作、生产的特点和作业对视觉的要求确定照度,对于公共建筑还要根据其用途考虑各种特殊要求。如商场除要求工作面适当的水平照度外,还要有足够的空间亮度,给顾客一种明亮感和兴奋感,不同商品销售区,要求不同照度,以渲染促销重点商品;又如宾馆等建筑,常常运用照明来营造一种气氛,所使用的照度以至色表,就有特殊要求;像体育竞赛场馆,更需要很高的垂直面照度或半柱面照度,以满足彩色电视转播的要求和观众观看的清晰度和舒适感。

5. 确定照度的依据

• 识别对象的大小,即作业的精细程度;

- 对比度,即识别对象的亮度和所在背景亮度之差异,两者亮度之差越小,则对比度越小,就越难看清楚,因此需要更高照度;
- 其他因素,即视觉的连续性(长时间观看),识别速度,识别目标处于静止或运动状态,视距大小,视看者的年龄等。

6. 照度对工作、生产的影响

- 工业生产场所的照度将对产品的质量、差错率、废品率、工伤事故率有一定影响;
- 办公室、阅览室、金融工作场地等的照度,对工作效率、阅读效率有很大影响;
- 以上两类视觉场所的照度不足,连续工作时会引起视觉疲劳,长时期将导致人眼视力下降以及头晕等心理或生理不适;
- 商场照度,除看清商品细部和质地外,还有激发顾客购买欲望,促进销售的作用。

一般而言,居家空间到底适用何种光源,除依据室内的整体规划外,也应考虑用电的效率及各场所所需应有的照度。每一不同使用目的的场所,均有其合适的照度来配合。例如:起居间所需照明照度为 150～300lx;一般书房照度为 100lx,但阅读时所需照明照度则为 600lx,所以最好再使用台灯作为局部照明。

一般情况:夏日阳光下为 100000lx;阴天室外为 10000lx;室内日光灯为 100lx;距 60W 台灯 60cm 桌面为 300lx;电视台演播室为 1000lx;黄昏室内为 10lx;夜间路灯为 0.1lx;烛光(20cm 远处)为 10～15lx。

室内刚能辨别人脸的轮廓,照度为 20lx;下棋打牌的照度为 150lx;看小说约需 250lx,即 25W 白炽灯离书 30～50cm;书写约需要 500lx,即 40W 白炽灯离书 30～50cm;看电视约需 30lx,用一支 3W 的小灯放在视线之外就行了。

保持合适的照度,对提高工作和学习效率都有很大的好处;在过于强烈或过于阴暗的光线照射下工作学习,对眼睛都是有害的。

表 8-1 为照度值的参考。

表 8-1 照度参考

天气或场所	照度(lx)
晴天	30000～300000
阴天	3000
日出日落	300
月圆之夜	0.3～0.03
星光	0.0002～0.00002
阴暗夜晚	0.003～0.0007
生产车间	10～500
办公室	30～50
餐厅	10～30
走廊	5～10
停车场	1～5

8.2 计 算 过 程

计算照度的依据来自《照明设计手册》第二版、《民用建筑电气设计手册》《建筑灯具与装饰照明手册》《建筑电气设计手册》《建筑灯具与装饰照明手册》。

另外点光源（如白炽灯）与线光源（如荧光灯）的计算公式本是不同的，但为了方便经常把荧光灯按点光源处理，对所有光源都按点光源的计算公式计算。

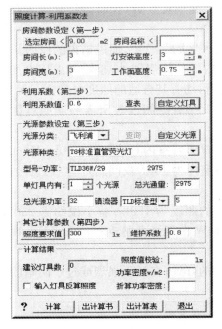

图 8-2 "照度计算-利用系数法"主对话框

天正电气中的" 照度计算 "命令主要用于根据单个房间的大小、计算高度、灯具类型、反射率、维护系数以及房间要求的照度值确定之后，选择恰当的灯具，然后计算该工作面上达到标准时需要的灯具数，并对计算结果条件下的照度值进行校验。

点击天正电气主菜单 ➤ " ▼ 计 算 " ➤
" 照度计算 "命令，弹出"照度计算-利用系数法"主对话框，如图 8-2 所示。在对话框中以选择、编辑的方式确定计算公式中的各有关参数，通过程序的计算得到计算结果。并可以输出计算书（Word 格式）和计算表格（图形格式）。

在对话框中，将计算过程分成了四步，第五步是输出计算结果：

第一步：房间参数设定

房间参数是计算的基本参数，如图 8-3 所示，可以点击" 选定房间 ＜ "按钮在平面图中点选矩形房间的对角点确定房间的面积。点击" 房间名称 ＜ "按钮可以在图中拾取房间名称，或直接输入名称。"灯安装高度"和"工作面高度"都需要在对话框中确定。由此可得"室空间比"。

第二步：利用系数

"利用系数"栏主要是用来计算利用系数的，其中包括了"利用系数"编辑框，在编辑框中可以直接输入利用系数值，可以点击" 查表 "按钮查表得出常用利用系数，如图 8-4（a）所示。也可以点击" 自定义灯具 "按钮自定义输入参数求得特殊灯具的利用系数，如图 8-4（b）所示。

图 8-3 房间参数设定

在弹出的两种计算方法的对话框中输入参数计算利用系数并把计算结果返回到"利用系数"编辑框中。利用系数是求照度法的关键，只有求出了利用系数才能进行下面的计算，下面就两种计算对话框使用方法分别进行介绍。

1. 查表法

在该对话框中首先确定"查表条件"栏中的各项参数，新表中包括"顶棚反射比"、"墙面反射比"和"地面反射比"三个下拉列表，可选择相应反射比值，点击" ? "可以查询各项反射

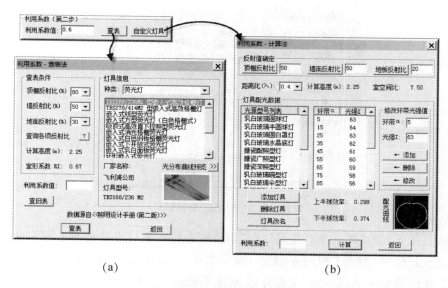

图 8-4　求"利用系数"

(a)查表法对话框;(b)计算法对话框

比的参考值。如图 8-5 所示。点击"　确定　"按钮,系统并没有自动将选择的反射比数值返回到"查表法"对话框,需要根据参考值手工录入。计算高度和室形系数已由系统算出。

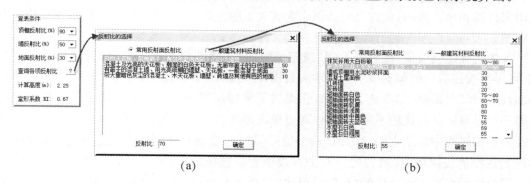

图 8-5　查表条件

(a)常用反射面反射比;(b)一般建筑材料反射比

　　右侧选择相应灯具,该灯具及其相应的利用系数表均摘录自《照明设计手册》第二版。参数设定后,点击"　查表　"[如图 8-4(a)所示]按钮即可求出利用系数值,并填入"利用系数值"编辑框。

　　如点击"　查旧表　"按钮,则弹出另一个对话框,如图 8-6 所示。

　　在该对话框中首先确定"查表条件"栏中的各项参数,包括"顶棚 ρ_{cc}"和"墙面 ρ_w"二个按钮,可以在按钮右边的编辑框中直接输入数据,也可以通过单击"顶棚 ρ_{cc}"或"墙面 ρ_w"按钮弹出如图 8-5 所示的"反射比的选择"对话框,它提供了常用反射面反射比和一般建筑材料反射比中的一部分材料反射比的参考值。

　　然后确定"灯具信息"栏中的各项参数,通过"种类"和"类型"两个下拉列表选择所需灯

181

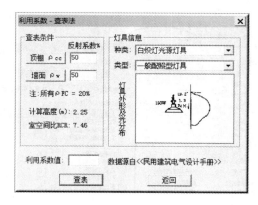

图 8-6　"查旧表"对话框

具的类型,则在下方的"灯具外形及光分布"预演框中显示该灯具的外形及配光曲线图。然后点击"查表"按钮,就在"利用系数值"编辑框中显示查出利用系数的数值,最后点击"返回"按钮则将该值返回到"照度计算-利用系数法"主对话框(如图 8-2 所示)。此时主对话框中"光源参数设定"栏的各项参数,会根据查利用系数时涉及到的光源参数自动智能组成。

2. 自定义灯具

当点击"自定义灯具"按钮时弹出如图 8-4(b)所示的"利用系数-计算法"对话框。该对话框是用来计算利用系数的,在这个对话框中含有大量的参数,下面将对该对话框的各项功能逐一介绍。

首先是确定反射值,反射值包括"顶棚反射比"、"墙面反射比"和"地板反射比"三个按钮,可以在按钮右边的编辑框中直接输入数据,也可以通过单击上面三个按钮其中之一弹出"反射比选择"对话框(如图 8-5 所示),它提供了常用反射面反射比和一般建筑材料反射比中的一部分材料反射比的参考值,可以通过单击选择其中一项使之变蓝,就会在对话框下面的反射比编辑框中显示它的参考值(这个值是可以修改的),然后单击"确定"按钮就会返回所选择的反射值;也可以通过双击列表中的要选择的项,这样也会返回需要的反射比值。返回的值会显示在相应的"顶棚反射比"、"墙面反射比"和"地板反射比"三个选项右边的编辑框中。

距离比(λ)——为房间长度(l)与房间高度(h)的比值,下拉列表框中列出了可供选择的数值,由距离比可以查出环带系数(α)。

计算高度(cm)——是不能编辑的,它由照度计算对话框中的灯具安装高度(m)和工作面高度(m)两项相减得到。

室空间比——也是不能编辑的,它由公式:$RCR = 5h_{RC}(l+b)/lb$ 求出。

当以上参数全部给出以后,就开始输入"灯具配光数据"栏中的各项参数值,灯具各方向平均光强值可由配光曲线得到,它主要的目的是通过各方向已知光强乘以球带系数得出环带光通量。在本栏中提供了一些常用光源型号的配光曲线,可以在"光源型号列表"中选择需要光源类型的配光曲线,当选取一种光源后会在右边的"环带(α)"、"光强(I)"列表中显示出该种光源每个环带角度相对应的光强值。同时软件提供了自己添加配光曲线的方法,当点击"添加灯具"按钮会在列表的最下面添加一个新的光源名称,可以点击"灯具改名"按钮给光源重新命名,也可以点击"删除灯具"按钮从"光源型号列表"中删除选中的光源型号;每种光源的配光曲线也可以自由的编辑,当在"环带(α)"、"光强(I)"列表中选取一组数据时,该组数据分别显示到列表右边的"环带(α)"和"光强(I)"两个编辑框中,可以在这两个编辑框中输入新的数据,如果单击"← 修改"按钮则"环带(α)"、"光强(I)"列表中选中的一组数据将被新的数据所代替,如果单击"← 删除"按钮,则该组数据从"环带(α)"、"光强(I)"列表中删除,如果单击"← 添加"按钮,则"环带 α"和"光强 I"两个编辑框中的新数据被添加到列表中,由于每个环带角只能对应一个光强,所以如果"环带(α)"编辑框中的新数据与列表中某个数据相同时,列表会提醒重新输入环带角度。

灯具的上半球效率和下半球效率是用来显示照明器上、下半球效率的,所谓上、下半球效率就是灯具上部和下部光输出占光源总光通量的百分比。上部光通量为照明器 0°~90°输出的光通量,下部光通量为照明器 90°~180°输出的光通量。灯具的上、下半球效率可由配光曲线计算得来,因此当选中一组光源的配光曲线或修改某种光源的配光曲线时灯具的上、下半球效率都会相应的变化。在本栏中还有配光曲线的预演图,该图也是随着配光曲线的数据做相应的变化的。

完成参数输入以后只要单击"计算"按钮就可以计算利用系数了,得出的数值会显示在"利用系数"对话框最下边的"利用系数"编辑框中,然后单击"返回"按钮则该编辑框中的数值返回到主对话框"利用系数值"右边的编辑框中。

第三步:光源参数设定

光源参数设定栏主要是用来选定照明器光通量参数和计算利用系数的,如图 8-7 所示。其中三个下拉列表框有着必然的联系,光源分类决定着光源种类和光源型号,光源种类又决定着光源型号,这样分类可以明确地划分灯具的类别,方便查找所需要的灯具类型近似光通量。这里说"近似"是因为灯具的光通量除了与功率有关外,还与电压有关,而这里未考虑电压的因素,因此所得光通量仅对于 220V 电压是准确的。

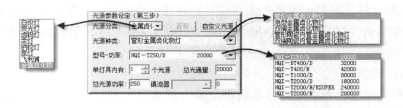

图 8-7 光源参数设定

在本栏的下边有一个单灯具内光源个数编辑框,可以确定每一个灯具中所含光源的个数,如果调整光源个数,则相应的光通量也会改变,光通量的大小为单个光源光通量乘以光源个数。

如果使用新型光源(下拉列表框中没有),可以点击"自定义灯具"按钮,打开"自定义光源"对话框,如图 8-8 所示。选择相应的"光源分类"和"光源种类",在编辑框中输入新的光源型号、功率和光通量,点击"新增",再回到主对话框中就可以使用了。点击"删除→"可以删除列表中的任意一个已有型号。

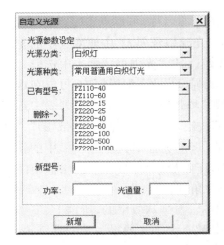

图 8-8　"自定义光源"对话框

第四步：其他计算参数

确定房间的照度要求值和维护系数两项参数。房间的照度要求值可以在"照度要求值"编辑框中输入，也可通过单击"照度要求值"按钮后弹出的"照度标准值选择"对话框进行选择，如图 8-9(a)所示，该对话框列出了一些常用建筑各个不同场所对照度的要求参考值，在该对话框的上部有一个下拉菜单，可以通过它选择建筑物的类型，当选定建筑物后，在列表中会出现该种建筑物中的主要场所及其要求的照度值，再单击"确定"按钮或双击某一条记录，则该值被写在主对话框的"照度参考值(lx)"编辑框中(可以根据实际情况修改的)。

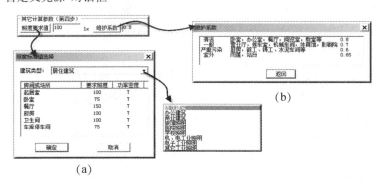

图 8-9　其他计算参数的选择
(a)"照度标准值选择"对话框；(b)"维护系数"对话框

维护系数是由于照明设备久经使用后，工作面照度值会下降，为了维持一定的照度水平，计算室内布置灯具时要考虑维护系数以补偿这些因素的影响。单击"维护系数"按钮，弹出如图 8-9(b)所示的"维护系数"对话框，列出了常用条件下的维护系数的值，双击某一条或选中后点击"返回"按钮可将选中的参数返回主对话框。

第五步：计算结果

以上四步将照度计算所需要的参数都已输入或选择完毕，只要单击"计算"按钮，所需要计算的结果就会显示在"计算结果"栏中的"灯具数"、"照度校验值(lx)"和"功率密度"编辑框中，点击"出计算书"按钮后，可生成一份标准的"照度计算书"。请注意计算书结尾的校验结果，如图 8-10(b)所示。

从校验结果可以看出，照度要求是符合规范的，但是不符合规范节能要求。如果在保证照度要求的条件下要降低实际功率密度，可以重新设定光源参数。

图 8-11 所示的是将"光源分类"的"白炽灯"改为"荧光灯"后的计算结果。

另外勾选"输入灯具反算照度"选项，可输入灯具，也可以重新计算照度，但要保证要符合两个规范的要求。

在计算过程中由于参数的修改和调整，可能得重新查表或定义一些参数，计算过程才能

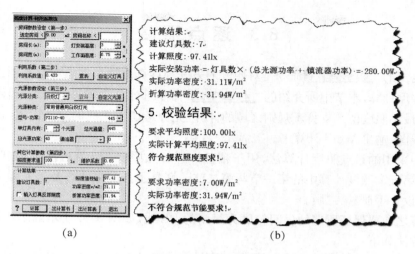

(a)　　　　　　　　　　　　(b)

图 8-10　计算结果一

(a)主对话框参数及计算结果；(b)计算书的校验结果

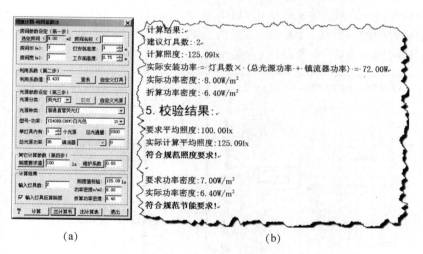

(a)　　　　　　　　　　　　(b)

图 8-11　计算结果二

(a)主对话框参数及计算结果；(b)计算书的校验结果

顺利进行。如果出现问题主对话框中的内容会显示红色，如果点击"计算"按钮系统会有相应的提示，如图 8-12 所示。

点击"出计算表"按钮，在平面图中插入照明计算表，如图 8-13 所示。

图 8-12　系统提示

照明计算表

序号	房间名称	房间长(米)	房间宽(米)	面积	灯具数	单灯光源数	光源功率	镇流器功率	总功率	光源量	利用系数	维护系数	要求照度值	计算照度值	功率密度规范值	功率密度计算值
1	1001	3	3	9.00	2	1	36	0	72	2000	0.43	0.65	100	125.09	7.00	8.00

图 8-13　照明计算表

8.3 逐点照度

天正电气的"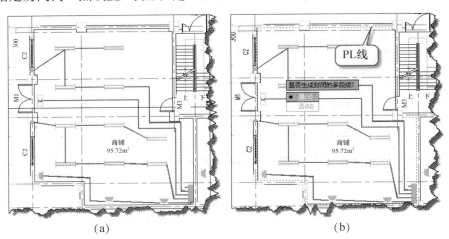逐点照度"命令是对照度的另一种计算方法。逐点对点光源进行照度计算即为点照度计算，本节中所介绍的"逐点照度"命令可计算空间每点照度，显示计算空间最大照度、最小照度值。支持不规则区域的计算，充分考虑了光线的遮挡因素，可绘制等照度分布曲线图，输出 Word 计算书。

程序中采用的是点照度计算法，用于精确计算每点照度。计算方法采用《照明设计手册》第二版第五章照度计算中的第一节与第二节。灯具及其配光曲线及等光强表的数据均来自《照明设计手册》第二版。

在计算之前要保证所选的房间轮廓为封闭的 PL 线，如图 8-14 所示的多边形轮廓，PL线的绘制方法如下：

点击天正电气主菜单 ➤ "▼ 建　筑" ➤ "凸 房间轮廓"命令，命令行提示如下：

命令:T83_TSpOutline　　　　　　　　　　　　　　　("凸 房间轮廓"命令)

请指定房间内一点或[参考点(R)]<退出>:　　　　　　　　　　（鼠标拾取）

是否生成封闭的多段线？[是(Y)/否(N)]<Y>:Y　　　　　　　　（确定）

请指定房间内一点或[参考点(R)]<退出>:

图 8-14　绘制封闭的 PL 线

(a)绘制前;(b)绘制完成

点击天正电气主菜单 ➤ "▼ 计　算" ➤ "逐点照度"命令或在命令行输入"zdzd"，命令行提示：

请输入房间起始点{选取房间轮廓 PLine 线[P]}<退出>:

若是矩形房间，则直接框选，若是异形房间，则直接输入 P，然后直接点取 PL 线即可，如图 8-15(a)所示，确定后房间的参数就会被提取，并弹出"逐点照度计算"对话框，如图 8-15(b)所示。

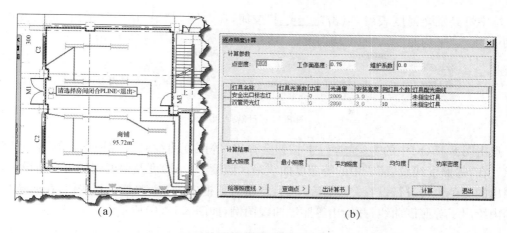

图 8-15 "逐点照度"命令演示

(a)选取 PL 线；(b)"逐点照度计算"对话框

该对话框由"计算参数"栏、"计算结果"栏两部分组成，以下将对每部分中的主要功能进行说明。

点密度——默认值是 100，意味将房间的长、宽各分为 100 段，共 10000 个点。

工作面高度——输入工作面的高度，默认是 0.75m。

维护系数——默认值 0.8，可点击" 维护系数 "按钮进行选择，也可手动修改。

在灯具参数的列表中：

光通量——可以手动输入，也可以点击其对应格右侧，弹出相应光源对话框，由进行光源来确定，如图 8-16(a)所示。

灯具配光曲线——点击其对应格右侧，弹出相应灯具发光强度对话框，选择相应的灯具确定光强，如图 8-16(b)所示。

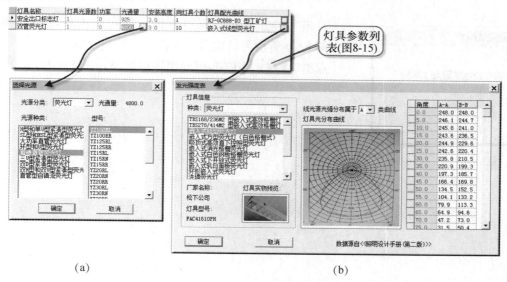

图 8-16 灯具参数选择

(a)"选择光源"对话框；(b)"发光强度表"对话框

选中灯具发光强度表后，点击"计算"按钮，在"计算结果"栏中显示出"最大照度"、"最小照度"、"平均照度"、"照度均匀度"、"功率密度"等值，如图 8-17 所示。

图 8-17　计算结果

点击图 8-15(b)中的"绘等照度线 >"按钮会弹出"等照度曲线设置"对话框，如图 8-18(a)所示。在"等照度线设置"栏中的等照度曲线最大照度、最小照度及照度间隔可自由设定，右侧列出的颜色也可进行设置。设置完毕后，点击对话框中的"绘等照度线 >"按钮，在所选房间范围内绘出了等照度曲线，并给出等照度曲线图例，如图 8-18(b)所示。

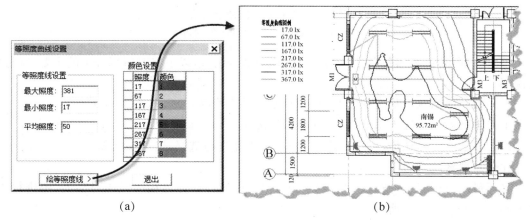

(a)　　　　　　　　　　　　　　　　　(b)

图 8-18　等照度曲线设置

(a)"等照度曲线设置"对话框；(b) 等照度曲线及图例

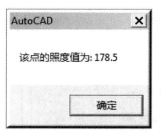

图 8-19　点照度查询

点击"查询点 >"按钮则可查询计算房间内任意一点照度值。图 8-19 所示为拾取房间内任一点的照度值。

点击"出计算书"按钮，可给出详尽的 Word 计算书。

第9章　负荷计算

电力负荷指的是导线、电缆和电气设备(变压器,断路器等)中通过的功率和电流。该负荷不是恒定值,是随时间而变化的变动值。因为用电设备并不同时运行,即使同时运行,也并不是都能同时达到额定容量。另外,各用电设备的工作制也各有不同,有长期、短时、重复短时之分。在设计时,如果简单地把各用电设备的容量加起来作为选择导线、电缆截面和电气设备容量的依据,结果并不科学。要么过大,使设备欠载,不经济;要么过小,出现过载运行,导致过热绝缘损坏,线损增加,影响导线、电缆或电气设备的安全运行,严重时,会造成火灾事故。为避免这种情况的发生,设计时采用一个假定负荷即计算负荷来表征系统的总负荷。用计算负荷来选择导线、电缆截面和电气设备比较接近实际,因为计算负荷的热效应与变动负荷的热效应是相等的。

9.1　计算方法简介

计算负荷也称需要负荷或最大负荷。计算负荷是一个假想的持续负荷,其热效应与某一段时间内实际变动负荷所产生的最大热效应相等。

求得计算负荷的手段称为负荷计算。我国目前普遍采用的确定计算负荷的方法有需要系数法和二项式法。需要系数法的优点是简便,适用于全厂和车间变电所负荷的计算,二项式法适用于机加工车间,有较大容量设备影响的干线和分支干线的负荷计算。但在确定设备台数较少而设备容量差别悬殊的分支干线的计算负荷时,采用二项式法较之采用需要系数法合理,且计算也较简便。

本计算程序采用了供电设计中普遍采用的需要系数法(《工业与民用配电设计手册》)。需要系数法的优点是计算简便,使用普遍,尤其适用于配、变电所的负荷计算。本计算程序进行负荷计算的偏差主要来自三个方面:其一是需要系数法未考虑用电设备中少数容量特别大的设备对计算负荷的影响,因而在确定用电设备台数较少而容量差别相当大的低压分支线和干线的计算负荷时,按需要系数法计算所得结果往往偏小。其二是用户使用需要系数与实际有偏差,从而造成计算结果有偏差。其三是在计算中未考虑线路和变压器损耗,从而使计算结果偏小。

负荷计算命令有两种获取负荷计算所需数据的方法:

(1)在系统图中搜索获得(主要是适用于照明系统、动力系统和配电系统命令自动生成的系统)。

(2)利用对话框输入数据。

对话框中各项的功能如下:

用电设备组列表以列表形式罗列出所需计算的各组数据,包括:名称、相序、负载容量、需要系数(K_x)、功率因数($\cos\phi$)、有功功率(kW)、无功功率(kvar)、视在功率(kVA)、计算电流(A)。

系统图导入：返回 ACAD 选择已生成的配电箱系统图母线，系统自动搜索获得各回路数据信息。

恢复上次数据：可以恢复上一次的回路数据。

导出数据：将回路数据导出文件（＊FHJS）保存。

导入数据：将保存的＊FHJS 文件导入进来。

同时系数 kp、同时系数 kq、进线相序：用户可输入整个系统进线参数。

三相平衡：如果用户详细输入每条回路相序（按 L1、L2、L3），系统可以采用"三相平衡"法根据单项最大电流值计算总的计算电流（附加要求：需要系数、功率因数各组必须一致）。

计算结果：包含"有功功率 P_{js}"、"无功功率 Q_{js}"、"总功率因数"、"视在功率 S_{js}"、"计算电流 I_{js}"。

变压器选择、无功补偿：为 2 个互斥按钮，可根据上面计算结果进行变压器的选择和无功补偿计算。

当选择无功补偿时，输入无功补偿参数补偿后功率因数（0.9～1.0），输入有功补偿系数、无功补偿系数，系统根据负荷计算结果返回补偿容量。

当选择变压器选择时，输入参数负荷率及变压器厂家、型号，系统根据负荷计算结果选择变压器额定容量。

" 计算 "按钮，点击该按钮后，计算出"有功功率 P_{js}"、"无功功率 Q_{js}"、"总功率因数"、"视在功率 S_{js}"、"计算电流 I_{js}"等结果并显示到"计算结果"栏中。

" 出计算表 "按钮，点击该按钮后，可将负荷计算结果以计算书的形式直接存为 Word 文件。

" 绘制表格 "按钮，点击该按钮后，可把刚才计算的结果绘制成 ACAD 表格插入图中。此表为天正表格，点击右键菜单可导出 Excel 文件进行备份。

" 退出 "按钮，点击该按钮后，结束本次命令并退出对话框。

9.2　计算实例

利用已存在系统图，再增加一条水泵回路，进行负荷计算。

打开图形文件，有平面图生成的系统图如图 9-1 所示。

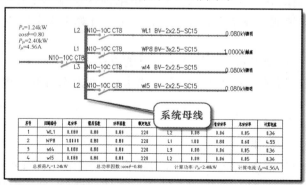

图 9-1　平面图生成的系统图

点击天正电气主菜单 ➤ "▼ 计　　算 " ➤ "|| 负荷计算 " 命令,弹出"负荷计算"对话框,开始对话框的回路内容为空,必须从平面图中读取回路。

1. 点击"系统图导入"按钮,对话框消隐后,点选系统母线。该系统图所有回路信息(回路编号,回路负载)导入"负荷计算"对话框,如图 9-2 所示。

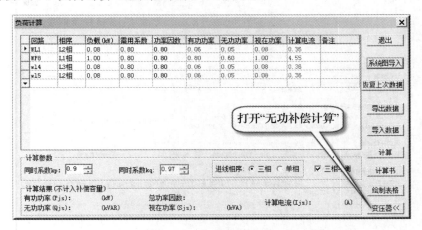

图 9-2　导入信息的"负荷计算"对话框

2. 直接在表格增加一个用电设备回路。
- 回路名称——水泵(手工填写);
- 负载(kW)——30(手工填写);
- 相序——三相(下拉列表选择);

"功率因数"和"需用系数"也可点击"功率因数"或"需用系数"的单元格右侧,弹出"选择参数"对话框,如图 9-3 所示。选中"非工业用电"选项,选择"设备名称及用途"列表中的"水泵",点击"　确定　"按钮。

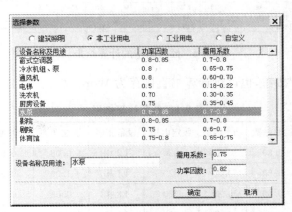

图 9-3　为新回路选择参数

3. 所有设备回路皆可以双击进入步骤 2 对话框重新编辑。
4. 点击"　计算　",得到计算结果。
5. 选择"变压器>>"按钮,可得到补偿容量值。如图 9-4 所示。

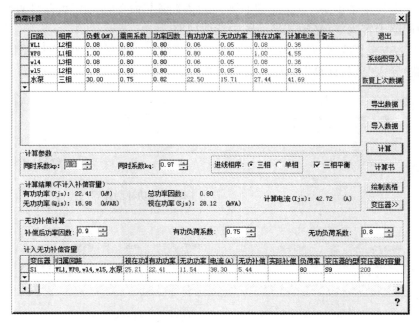

图 9-4　负荷计算

6. 对话框中的红色数值均为计算所得。

7. 点击"绘制表格"可把刚才计算的结果绘制成 ACAD 表格插入图中,如图 9-5 所示。此表为天正表格,点击右键菜单可导出 Excel 文件进行备份。

序号	分属变压器	用电设备组名称或用途	总功率	需用系数	功率因数	额定电压	设备相序	视在功率	有功功率	无功功率	计算电流	备注
1	S1	WL1	0.08	0.80	0.80	220	L2相	0.08	0.06	0.05	0.36	
2	S1	WP8	1.00	0.80	0.80	220	L1相	1.00	0.80	0.60	4.55	
3	S1	wl4	0.08	0.80	0.80	220	L3相	0.08	0.06	0.05	0.36	
4	S1	wl5	0.08	0.80	0.80	220	L2相	0.08	0.06	0.05	0.36	
5	S1	水泵	30	0.75	0.82	380	三相	27.44	22.50	15.71	41.69	
S1负荷	S1	有功/无功网村系数:0.90,0.97	22.41	总功率因值: 0.80		进线相序: 三相		25.21	22.41	11.54	38.30	
		S1无功补偿			补偿后:0.78			补偿后:0.9			补偿量:5.44	

图 9-5　插入图中的计算结果

8. 点击"计算书"按钮,也可将计算书直接存为 Word 文件。计算结果见表 9-1。

表 9-1　负荷计算结果

用电设备组名称	总功率	需要系数	功率因数	额定电压	设备相序	视在功率	有功功率	无功功率	计算电流
WL1	0.08	0.80	0.80	220	L2 相	0.08	0.06	0.05	0.36
WP8	1.00	0.80	0.80	220	L1 相	1.00	0.80	0.60	4.55
wl4	0.08	0.80	0.80	220	L3 相	0.08	0.06	0.05	0.36
wl5	0.08	0.80	0.80	220	L2 相	0.08	0.06	0.05	0.36
水泵	30	0.75	0.82	380	三相	27.44	22.50	15.71	41.69

第10章 电压、电流计算

10.1 电压损失

10.1.1 计算方法

电压损失就是线压降,计算公式为:线阻×电流＝线压降。

一般情况下同等电流、同等电缆,线路越长线压降越大。

线路电压损失 $\Delta U\%$ 的简易计算公式:

$$\Delta U\% = \frac{M}{C \times S} = \frac{P \times L}{C \times S}$$

式中　M——负荷矩,kW・m;

　　　P——负荷功率,kW;

　　　L——电缆长度,m;

　　　S——截面,mm^2;

　　　C——电压损失计算系数。(引自《电工计算应用 280 例》)

天正电气利用《现代建筑电气设计实用指南》的数据参数,开发了"⬚ 电压损失"命令,以对话框的形式,系统根据用户输入的数据,计算出电压损失值并可以绘制出相应的表格。

"⬚ 电压损失"命令用于计算三相平衡、单相及接于相电压的两相-零线平衡的集中或均匀分布负荷的计算。计算方法主要参考《建筑电气设计手册》的计算方法,近似地将电压降纵向分量看作电压损失。

四种配线形式对应的计算公式分别为:

(1)三相线路:

(a)终端负荷用电流矩:$\Delta U\% = \dfrac{\sqrt{3}}{4U_e}(R_o\cos\phi + X_o\sin\phi)Il = \Delta U_a\% Il$

(b)终端负荷用负荷矩:$\Delta U\% = \dfrac{1}{4U_e^2}(R_o + X_o\tan\phi)Pl = \Delta U_p\% Pl$

(2)两相-零线线路负荷

(a)终端负荷用电流矩:$\Delta U\% = \dfrac{1.5\sqrt{3}}{4U_e}(R_o\cos\phi + X_o\sin\phi)Il \approx 1.5\Delta U_a\% Il$

(b)终端负荷用负荷矩:$\Delta U\% = \dfrac{2.25}{4U_e^2}(R_o + X_o\tan\phi)Pl \approx 2.25\Delta U_p\% Pl$

(3)线电压单相负荷

(a)终端负荷用电流矩:$\Delta U\% = \dfrac{2}{4U_e}(R_o\cos\phi + X'_o\sin\phi)Il \approx 2\Delta U_a\% Il$

(b)终端负荷用负荷矩:$\Delta U\% = \dfrac{2}{4U_e^2}(R_o + X'_o\tan\phi)Pl \approx 6\Delta U_p\% Pl$

（4）相电压单相负荷

（a）终端负荷用电流矩：$\Delta U\% = \dfrac{2}{4U_{e\phi}}(R_\circ\cos\phi + X'_\circ\sin\phi)Il \approx 2\Delta U_a\%Il$

（b）终端负荷用负荷矩：$\Delta U\% = \dfrac{2}{4U_{e\phi}^2}(R_\circ + X'_\circ\tan\phi)Pl \approx 6\Delta U_p\%Pl$

式中　$\Delta U\%$——线路电压损失百分数，%；

$\Delta U_a\%$——三相线路每 1A·km 的电压损失百分数，%A·km；

$\Delta U_p\%$——三相线路每 1kW·km 的电压损失百分数，%kW·km；

U_e——额定线电压，kV；

$U_{e\phi}$——额定相电压，kV；

$X'_\circ$——单相线路长度的感抗，其值可取 $X_\circ$ 值，Ω/km；

$R_\circ$、$X_\circ$——三相线路单位长度的电阻和感抗，Ω/km；

$\cos\phi$——功率因数；

I——负荷计算电流，A；

P——有功负荷，kW；

l——线路长度，km。

注意：由于只选用了单相负荷的计算公式，所以本命令只适用于单相负荷，不支持几个负荷的情况。

计算结果的误差主要产生于两个方面：一方面是计算中将电压降的纵向分量当作电压损失，但由于线路电压降相对于线路电压来说很小，故其误差也很小；另一方面用户输入的导线参数、负荷参数、环境工作参数与实际存在误差导致计算结果产生误差，总的来看，第二方面的因素是主要的，其计算结果的误差大小主要决定于用户输入计算参数与实际参数的误差大小。

10.1.2　计算操作

点击天正电气主菜单 ▶ "▼ 计　　算" ▶ "电压损失"命令，弹出"电缆电压计算"对话框，如图 10-1 所示。在对话框中输入一组负荷数据，便可计算出线路电压损失。以下先简要说明此对话框中各项目的用途，然后再根据一个实例说明利用此对话框计算电压损失的方法。

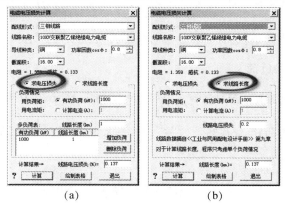

（a）　　　　　　　　　（b）

图 10-1　"电缆电压损失计算"对话框
(a)求电压损失；(b)求线路长度

为了方便选择和参考,在此对话框中大部分采用了下拉式列表框,只有个别编辑框需要手动输入。

配线形式——下拉列表框主要是选择恰当的配线形式,从而确定电压损失的计算公式。对于下拉菜单所提供的四种配线形式对应的计算公式见 10-1 节。

线路名称——下拉框主要功能是确定所要计算的导线的类型,点击下拉列表如图 10-2 所示,提供了四种常用导线的型号(由此可知导线的线电压、工作温度等条件)。

导线种类——下拉框主要是选择该种导线类型是铜芯还是铝芯。

图 10-2　导线类型

截面积——下拉框主要用来选择导线的截面积大小,当线路名称和导线种类确定后,就会在"截面积"的下拉列表中出现相应的可供选择的截面积。

选定后会发现此种导线的所有选项被确定后,"截面积"下拉框下面的电阻和感抗的数值随结面积的大小而相应的确定。

注意:在此对话框中电阻和感抗仅是参考,不需要用户输入,它是由导线的种类和型号决定的。

功率因数 $\cos\phi$——编辑框主要用来输入功率因数,可做升或降的操作。

当输入完导线负荷的数据后就开始确定需要计算的数据的情况,在计算要求中提供了更方便的计算自由空间,既可以已知线路长度来求电压损失,也可以已知线路的电压损失求线路的长度。可以通过"求电压损失"和"求线路长度"两个互锁按钮来确定需要计算的数据。

在对计算结果进行选择时,对话框也会做出相应的调整:

当选择"求电压损失",则显示"线路长度(km)"编辑框,可以在其中输入线路长度的数据。如果此时"配线形式"下拉框选中的是"三相线路"和"线电压单相线路负荷"两种配线形式时本对话框提供了多负荷情况的计算,此时会显示"多负荷表"的列表,如图 10-1(a)所示,用户需要在"线路长度(km)"编辑框和"有功功率(kW)"或"计算电流(A)"编辑框(通过是用电流矩计算还是用负荷矩计算两种情况确定输入哪个数据)中输入数据,单击" 增加负荷 "按钮在列表中添加一组数据,用户也可以删除列表中的数据,选择一组数据后单击" 删除负荷 "按钮则改组数据从列表中删除;如果"配线形式"下拉框选中的是"两项-零线线路负荷"和"相电压单相线路负荷"两种配线形式时本对话框只提供了单负荷情况的计算,此时不显示"多负荷表"列表,用户只要在"线路长度(km)"编辑框中输入数据就可以进行计算。

当选择"求线路长度"对话框只提供了单负荷情况的计算,如图 10-1(b)所示,只显示"线路电压损失"编辑框,用户可以在其中输入电压损失百分率数据进行计算。

在负荷情况(终端负荷)分用电流矩计算和用负荷矩计算两种情况,当选择其中的一种方法后,还必须输入相应的参数数据,而另一方法所要输入的参数编辑框变为不可编辑状态,选中"用负荷距"时需要输入有功功率(kW),选中"用电流距"时需要输入计算电流(A)。

当确认一切数据已经输入完毕后就可以进行相应的计算了。

选中一种计算要求后会发现在计算结果一栏中显示的结果编辑框也会根据计算要求发生相应的变化。单击" 计算 "按钮后会把所要计算的结果显示在相应的编辑框中。

注意:在此对话框中如果数据输入不全,单击[计算]按钮时会弹出警告对话框,提醒用户输入数据。

以下结合一个实例说明电压损失计算的全过程。

已知条件:导线截面积＝16mm(此时可以看见电阻＝1.462,Ω/km),终端负荷用负荷矩计算,其中 $\cos\phi=0.8$,$P=1000$kW,$l=1$km;求电压损失。

此时可以由已知条件:

选择"配线形式"为三相线路,"线路名称"为 4kV 交联聚乙烯绝缘电力电缆,"导线种类"为铜,"截面积"为 16.00,"功率因数 $\cos\phi$"中输入 0.8。

此时会发现电阻＝1.426,感抗＝0.133。

选择用负荷距计算,在有功功率编辑框中输入有功功率 $P=1000$kW,由于求电压损失,在计算要求中选择求电压损失一栏,并输入线路长度 $l=1$km。

单击会在计算结果中显示"线路电压损失(％)"＝1.562。

单击" 退出 "按钮结束本次计算。

10.2 短 路 电 流

短路电流(short-circuit current):电力系统在运行中,相与相之间或相与地(或中性线)之间发生非正常连接(即短路)时流过的电流。其值可远远大于额定电流,并取决于短路点距电源的电气距离。例如,在发电机端发生短路时,流过发电机的短路电流最大瞬时值可达额定电流的 10～15 倍。大容量电力系统中,短路电流可达数万安。这会对电力系统的正常运行造成严重影响和后果。

发生短路时,电力系统从正常的稳定状态过渡到短路的稳定状态,一般需 3～5s。在这一暂态过程中,短路电流的变化很复杂。它有多种分量,其计算需采用电子计算机。在短路后约半个周波(0.01s)时将出现短路电流的最大瞬时值,称为冲击电流。它会产生很大的电动力,其大小可用来校验电工设备在发生短路时机械应力的动稳定性。

短路电流的分析、计算是电力系统分析的重要内容之一。它为电力系统的规划设计和运行中选择电工设备、整定继电保护、分析事故提供了有效手段。

供电网络中发生短路时,很大的短路电流会使电器设备过热或受电动力作用而遭到损坏,同时使网络内的电压大大降低,因而破坏了网络内用电设备的正常工作。为了消除或减轻短路的后果,就需要计算短路电流,以正确地选择电器设备、设计继电保护和选用限制短路电流的元件。

计算短路电流的目的是为了限制短路的危害和缩小故障的影响范围。在变电所和供电系统的设计和运行中,基于如下用途必须进行短路电流的计算:

(1)选择电气设备和载流导体,必须用短路电流校验其热稳定性和动稳定性。

(2)选择和整定继电保护装置,使之能正确地切除短路故障。

(3)确定合理的主接线方案、运行方式及限流措施。

(4)保护电力系统的电气设备在最严重的短路状态下不损坏,尽量减少因短路故障产生的危害。

10.2.1　计算方法

短路电流的计算采用从系统元件的阻抗标么值来求短路电流的方法。参照《建筑电器设计手册》，这种计算方法是以由无限大容量电力系统供电作为前提条件来进行计算的。因为由电力系统供电的工业企业内部发生短路时，由于工业企业内所装置的元件，其容量远比系统容量小，而阻抗较系统阻抗大得多，因此当这些元件(变压器、线路等)遇到短路时，系统母线上电压变动很小，可认为电压维持不变，即系统容量为无限大。在计算中忽略了各元件的电阻值。并且只考虑对短路电流值有重大影响的电路元件。由于一般系统中已采取措施，使单项短路电流值不超过三相短路电流值，而二相短路电流值通常也小于三相短路电流值，因而在短路电流计算中以三相短路电流作为基本计算以及作为校验高压电器设备的主要指标。由于本计算方法假设系统容量为无限大，并且忽略了系统中对短路电流值影响不大的因素，因此计算值与实际是存在一定误差的。这种误差随着假设条件与实际情况的差异增大而增大，但对一般系统这种计算值的精确度是足够了。

10.2.2　计算步骤

进行短路电流计算时采用在对话框中输入数据的方法输入系统和导线的数据；设备校验时所需的数据也存放在同一张示意图中。点击天正电气主菜单 ▶ "▼ 计　算" ▶ "短路电流"命令，弹出空白的"短路电流计算(标么法)"主对话框，如图 10-3 所示。

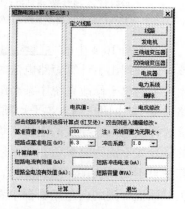

图 10-3　"短路电流计算"对话框

进行短路电流计算的步骤如下：

(1)用"定义线路"在对话框中造计算用的示意图。

(2)在构造计算用的示意图的同时对图中设备和导线的数据进行输入和修改。

(3)用"计算"命令计算短路电流和进行设备校验。设备校验时对各种设备数据进行的修改可以自动存入图中。

计算短路电流所用的这张示意图中包含了所有计算时所需的数据，因此也相当于是一份计算数据文件，最好在计算之后将其保存起来。下一次计算时，如果再调入这张图，图中的数据就可以直接被利用。

1. 定义线路

对话框弹出后进行计算前首先要定义线路，定义线路的过程主要包括三部分：

(1)根据所要计算短路电流的系统组成添加或删除组成系统的元件。组成系统的元件都以按钮的形式排列在本对话框的最右边，可以通过单击这些按钮达到往系统中添加组件的目的，每个按钮的具体操作如图 10-4 所示。下面将详细介绍。

(2)在中间的线路结构列表以文字形式显示加入系统中的组件，它的功能是能够对每个加入系统的组件进行修改和编辑并选择计算点。

(3)左边的线路结构简图是预演框，它会把每种加入系统的组件以符号的形式显示出来。

往系统中添加组件时必须单击菜单右边的组件按钮,现在就对每个按钮进行介绍:

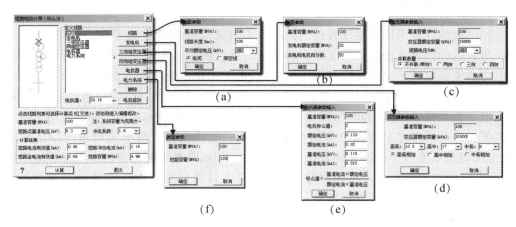

图 10-4　定义线路

(a)线路"类型参数"对话框;(b)发电机"类型参数"对话框;(c)"三绕组变压器参数输入"对话框;
(d)"双绕组变压器参数输入"对话框;(e)"电抗器参数输入"对话框(f)电力系统"类型参数"对话框

单击图 10-4 中的"线路"按钮会弹出如图 10-4(a)所示的线路"类型参数"对话框,该对话框列出了计算短路电流时线路需要的参数,其中的基准容量由系统的基准容量决定,用户不能单个修改系统中某个组件的基准容量,因此这里的基准容量是不能修改的,而"线路长度"要由用户输入,"平均额定电压"则可以通过下拉菜单从其中选择或输入,这一项要求选择或输入该导线的电压平均值,也就是导线两端电压的平均值,横导线或左边未标数据的竖导线不能为其赋值。还必须确定线路的类型,对话框默认的是电缆,两种类型的导线计算结果不同,所有的参数确定后,单击"确定"按钮,则线路的参数就输入完毕,并且会在主对话框中间的白色编辑框中看见增加了"线路"一个选择项,且在主对话框左边的线路结构简图中多了一个表示线路的绿色符号。

单击图 10-4 中的"发电机"按钮是用来输入发电机参数的,单击它会弹出如图10-4(b)所示的发电机"类型参数"对话框,它的基准容量也是由整个系统来决定,不能独自修改,后面其他组件都一样不需要输入基准容量,以后就不再说明,另两个参数为"发电机额定容量"和"发电机电抗百分数",都由用户根据需要输入数值后单击"确定"按钮,和上面相同,也会在线路结构简图和列表中出现加入的发电机相应的条目。

单击图 10-4 中的"三绕组变压器"按钮用来输入三相变压器参数,单击后出现上图 10-4(c)所示的"变压器参数输入"对话框,三相变压器的参数主要包括"变压器额定容量"、变压器各接线端间短路电压百分数和变压器接线端接线方式(变压器在本系统中所使用的接线端),变压器各接线端间短路电压百分数包括高低、高中和中低三种,每种电压百分数即可由下拉列表框选择,也可手动输入,对于变压器接线端接线方式由三个互锁按钮来确定,单击其中一个互锁按钮,便是选定其对应的接线方式。单击"确定"按钮即完成参数输入,并在线路结构简图和列表中出现加入的相应的条目。

单击图 10-4 中的"双绕组变压器"按钮用来输入两相变压器参数,单击后出现上图 10-4(d)所示的对话框,它的参数有"变压器额定容量"、变压器短路电压百分数和并联的台数(本命令提供了最多四台双绕组变压器并联），单击"　确定　"按钮即完成参数输入，并在线路结构简图和列表中出现加入的相应的条目。

单击图 10-4 中的"　电抗器　"按钮用来输入一个电抗器的各项参数，单击后弹出图10-4(e)所示的对话框，电抗器是由自定义的系统中的一些组件的电抗值的形象表示，用户需要输入"电抗标幺值"、"额定电压"、"额定电流"、"基准电压"和"基准电流"等 5 项参数，系统会根据对话框下边提供的电抗值的计算公式来计算该系统组件的电抗值，完成计算后加入到系统中，单击"　确定　"按钮即完成参数输入和电抗计算，并在线路结构简图和列表中出现加入的相应的条目，其中在简图中电抗器都以电抗绕组的符号表示出来，如果不知道该组件的各项参数，只知道它的电抗值，则可以在输入完成后修改电抗值，具体操作将在后面讲解。

单击图 10-4 中的"　电力系统　"按钮是用来输入电力系统参数的，对话框如图 10-4(f)所示，用户只需要输入参数"短路容量"后单击"　确定　"按钮即完成参数输入，并在线路结构简图和列表中出现加入的相应的条目。

2. 修改参数

通过以上按钮可以根据所要计算的短路电流的要求造一个电力系统，如果这些参数不符合您计算的需要也可以进行修改。具体的做法如下：

系统图造好后会在黑色框中显示虚拟系统图，且在中间的白色编辑框相应地显示对应的条目，如果想修改系统的哪个组件，则只要双击见图或列表中对应的项目，就会弹出相应的对话框之一，并且会显示该组件原有的参数，只要在修改的编辑框中重新输入新值，再单击"　确定　"按钮即完成参数修改，修改的结果同时便存入对应的图块中，屏幕上显示的数据也会做相应的改变。

如果想删除系统中的某一个组件，只要单击列表框中想删除的条目，再单击主对话框右边一排按钮中的"　删除　"按钮，就会发现在黑色和白色框中相应的组件都会被删除。

修改某一组件电抗值的方法：当选中列表框中某一组件时，会在主对话框的"电抗值"编辑框中显示相应的该组件的电抗值，如果想根据实际需要改变或只知道该设备的电抗值，就要在编辑框中输入想要的电抗值，然后单击编辑框右边的"　电抗修改　"按钮，就会发现该设备的电抗值已经被改成需要的值，而与该设备的参数无关。

以上为对电力系统中单个供电设备的编辑和修改，如果想修改整个系统的参数，则需要在主对话框的中部在"基准容量"编辑框进行输入，对"短路点基准电压"下拉列表框和"冲击系数"下拉列表框的下拉菜单中进行选择或编辑。

3. 计算

当一切参数输入完毕后就可以进行计算了，由于系统的短路点可以有多个，为了方便选择短路计算点，在线路结构简图中选择一个组件，则表示短路点就在该组件末端，即想要计算某一点的短路电流，只需选择该组件。为了可以直观地看到短路点，采用了以一个红叉表示短路点的方法，当选中电抗器后，会在见图预演框中的电抗器后面打一个红叉，即表示短路点在这里，然后单击主菜单最下面的"　计算　"按钮，计算结果就会显示在"计算结果"栏中。计算结果包括了"短路电流有效值"、"短路冲击电流"、"短路全电流有效值"和"短路容量"四项，结果查看完毕后，单击"　退出　"按钮则退出并结束本次计算。

4. 短路电流的危害

电力系统中出现短路故障时，系统功率分布的忽然变化和电压的严重下降，可能破坏各发电厂并联运行的稳定性,使整个系统解列,这时某些发电机可能过负荷,因此,必须切除部分用户。短路时电压下降的愈大,持续时间愈长,破坏整个电力系统稳定运行的可能性愈大。短路电流的限制措施为保证系统安全可靠地运行,减轻短路造成的影响,除在运行维护中应努力设法消除可能引起短路的一切原因外,还应尽快地切除短路故障部分;使系统电压在较短的时间内恢复到正常值。

5. 防范措施

(1) 做好短路电流的计算,正确选择及校验电气设备,电气设备的额定电压要和线路的额定电压相符。

(2) 正确选择继电保护的整定值和熔体的额定电流,采用速断保护装置,以便发生短路时,能快速切断短路电流,减少短路电流持续时间,减少短路所造成的损失。

(3) 在变电站安装避雷针,在变压器四周和线路上安装避雷器,减少雷击损害。

(4) 保证架空线路施工质量,加强线路维护,始终保持线路弧垂一致并符合规定。

(5) 带电安装和检修电气设备,注重力要集中,防止误接线,误操作,在带电部位距离较近的部位工作,要采取防止短路的措施。

(6) 加强治理,防止小动物进入配电室,爬上电气设备。

(7) 及时清除导电粉尘,防止导电粉尘进入电气设备。

(8) 在电缆埋设处设置标记,有人在四周挖掘施工,要派专人看护,并向施工人员说明电缆敷设位置,以防电缆被破坏引发短路。

(9) 电力系统的运行、维护人员应认真学习规程,严格遵守规章制度,正确操作电气设备,禁止带负荷拉刀闸、带电合接地刀闸。线路施工,维护人员工作完毕,应立即拆除接地线。要经常对线路、设备进行巡视检查,及时发现缺陷,迅速进行检修。

10.3　低压短路电流

"低压短路"的功能:计算配电线路中某点的短路电流。

低压短路电流计算用于民用建筑电气设计中的低压短路电流,主要包括220/380V低压网络电路元件的计算,三相短路、单相短路(包括单相接地故障)电流的计算和柴油发电机供电系统短路电流的计算。

点击天正电气主菜单 ➤ "▼ 计　算" ➤ "低压短路"命令,弹出空白的"低压短路电流计算"对话框,如图10-5(a)所示。

在这个对话框里可以完成低压短路电流的计算。在低压网络中主要考虑了系统、变压器、母线和线路的阻抗值,并且考虑了大电机反馈电流对短路电流的影响。下面分别讲述对话框中的各项功能:

1. 首先通过下拉列表选择系统容量(MVA),如图10-5(b)所示。相应在其右侧会自动通过计算显示出对应的系统短路阻抗值(mΩ)。

2. 选择变压器器型号,点击变压器右侧的"≪"按钮,弹出"变压器阻抗计算"对话框,如图10-5(c)所示。

通过选择变压器型号、容量及接线方式,在"变压器阻抗百分比(%)"和"变压器负载损耗(kW)"编辑框中自动显示该类型变压器的相应的数据,同时得到变压器阻抗值,另外可

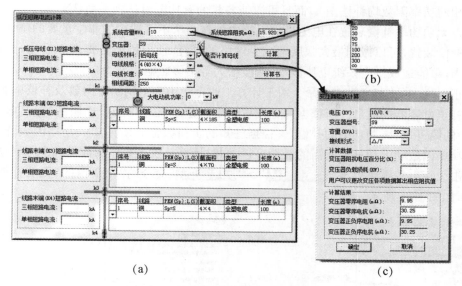

图 10-5　低压短路电流计算

(a)"低压短路电流计算"对话框；(b)系统容量选择；(c)变压器阻抗计算

以更改变压器各项数据，算出相应阻抗值。单击"确定"按钮数据返回到主对话框中。

3. 选择母线：根据以上选择的变压器型号会自动选择出相应的母线规格，也可以通过人为的去选择母线规格。输入母线长度，"相线间距(mm)"下拉列表选择所要求的母线的各项数据。其中勾选"是否计算母线"表示将母线的阻抗计算在内，不勾选则不计算在内。

4. 如计入大电机反馈电流影响，只需通过下拉列表选择大电机功率即可，如不考虑，只需其默认值为 0 即可。

5. 选择线路：通过各项的下拉列表选择线路材质、保护线与相线截面积之比、线路截面积、线路类型，同时输入线路长度。可输入多级线路参数。当前只能是手工输入。

6. 点击"计算"按钮，则在左侧显示出所计算的每段电路的三相短路电流以及单相短路电流。

7. 点击"计算书"按钮，则输出详尽的 Word 计算书。

10.4　无功补偿计算

交流电在通过纯电阻的时候，电能都转成了热能，而在通过纯容性或者纯感性负载的时候并不做功。也就是说没有消耗电能即为无功功率。当然实际负载不可能为纯容性负载或者纯感性负载，一般都是混合性负载，这样电流在通过它们的时候就有部分电能不做功，就是无功功率，此时的功率因数小于 1，为了提高电能的利用率，就要进行无功补偿。

在大系统中，无功补偿还用于调整电网的电压，提高电网的稳定性。

在小系统中，通过恰当的无功补偿方法还可以调整三相不平衡电流。按照 wangs 定理：在相与相之间跨接的电感或者电容可以在相间转移有功电流。因此，对于三相电流不平衡的系统，只要恰当地在各相与相之间以及各相与零线之间接入不同容量的电容器，不但可以将各相的功率因数均补偿至1,而且可以使各相的有功电流达到平衡状态。

所以无功功率补偿装置在电力供电系统中处在一个不可缺少的非常重要的位置。合理地选择补偿装置,可以做到最大限度地减少网络的损耗,使电网质量提高。反之,如选择或使用不当,可能造成供电系统电压波动、谐波增大等诸多影响。

天正电气中的"无功补偿"命令用于计算工业企业中的平均功率因数及补偿电容容量,并计算补偿电容器的数量。所依据的方法取自中国建筑工业出版社出版的《建筑电气设计手册》中的第五章"无功功率的补偿"。根据已知的负荷数据和所期望的功率因数计算系统的平均功率因数和无功补偿所需的补偿容量,同时计算补偿电容器的数量和实际补偿容量。

点击天正电气主菜单 ➤"计 算" ➤"无功补偿"命令,弹出空白的"无功补偿计算"对话框,如图10-6所示。

图 10-6 "无功功率补偿计算"对话框
(a)根据"计算负荷";(b)根据"年用电量"

本命令提供了两种不同条件的计算方法,使用了限制整个系统的两个互锁按钮用于确定计算方法,不同的计算方法所需的计算条件数据不同:

(1) 根据计算负荷(新设计电气系统)计算所需参数如图10-6(a)所示,显示在"参数输入"栏中,包括:"有功计算负荷(kW)"、"无功计算负荷(kvar)"、"有功负荷系数"、"无功负荷系数"和"补偿后功率因数"等参数,把这些参数输入在相应的编辑框中;

(2) 根据年用电量(使用一年以上电气系统)计算,当选取该方法时"参数输入"栏中的相应参数就会发生改变,如图10-6(b)所示。新的参数包括:"年有功电能耗量(kW·h)"、"年无功电能耗量(kvar·h)"和"补偿后功率因数"等编辑框,还有一个"用电情况"下拉列表框是用来选定该系统的用电程度的,把这些参数一一输入。

完毕后单击"计算"按钮就会在"平均功率因数"和"补偿容量(kvar)"编辑框中得到计算结果。同时还会弹出相应的"电容器数量计算"对话框,该对话框中唯一的参数是"单个电容器额定容量(kvar)",输入单个电容器的额定容量后,单击"计算"按钮就会在"计算结果"栏中得到"需并联电容器的数量"和"实际补偿容量(kvar)"的值。如果想结束计算或不想计算电容器的个数,那么单击"返回"按钮就退出本对话框,返回"无功功率补偿计算"对话框。

单击主对话框的"退出"按钮结束计算并退出此对话框。

第11章　年雷击数

雷电交加时,空气中的部分氧气被激变成臭氧。稀薄的臭氧不但不臭,而且还能吸收大部分宇宙射线,使地球表面的生物免遭紫外线过量照射的危害。闪电过程中产生的高温又可杀死大气中 90% 以上的细菌和微生物,从而使空气变得更加纯净而清新宜人。

据统计,每年地球上空会出现 31 亿多次闪电,平均每秒钟 100 次。每次放电,其电能高达 10 万 kW·h,连世界上最大的电力装置都不能和它相比。另外,大气中还含有 78% 不能被作物直接吸收的游离氮。闪电时,电流高达 10 万 A,空气分子被加热到 3 万℃以上,致使大气中不活泼的氮与氧化合,变成二氧化氮。大雨又将二氧化氮溶解成为稀硝酸,并随雨水降至地面与其他物质化合,变成作物可以直接吸收的氮肥。据测算,全球每年由雷雨而"合成"的氮肥就有 20 亿 t。这 20 亿 t 从天而降的氮肥,相当于 20 万个年产 1 万 t 的化肥厂的产量总和!

但是,自然界每年都有几百万次闪电。雷电灾害是"联合国国际减灾十年"公布的最严重的十种自然灾害之一。最新统计资料表明,雷电造成的损失已经上升到自然灾害的第三位。全球每年因雷击造成人员伤亡、财产损失不计其数。据不完全统计,我国每年因雷击以及雷击负效应造成的人员伤亡达 3000~4000 人,财产损失在 50 亿元到 100 亿元人民币。

雷电灾害所涉及的范围几乎遍布各行各业。现代电子技术的高速发展,带来的负效应之一就是其抗雷击浪涌能力的降低。以大规模集成电路为核心组件的测量、监控、保护、通信、计算机网络等先进电子设备广泛运用于电力、航空、国防、通信、广电、金融、交通、石化、医疗以及其他现代生活的各个领域,以大型 CMOS 集成元件组成的这些电子设备普遍存在着对暂态过电压、过电流耐受能力较弱的缺点,暂态过电压不仅会造成电子设备产生误操作,也会造成更大的直接经济损失和广泛的社会影响。

"感应过电压"是雷击的一种危害类型。雷击在设备设施或线路的附近发生,或闪电不直接对地放电,只在云层与云层之间发生放电现象。闪电释放电荷,并在电源和数据传输线路及金属管道金属支架上感应生成过电压。雷击放电于具有避雷设施的建筑物时,雷电波沿着建筑物顶部接闪器(避雷带、避雷线、避雷网或避雷针)、引下线泄放到大地的过程中,会在引下线周围形成强大的瞬变磁场,轻则造成电子设备受到干扰,数据丢失,产生误动作或暂时瘫痪,严重时可引起元器件击穿及电路板烧毁,使整个系统陷于瘫痪。

另外,因断路器的操作、电力重负荷以及感性负荷的投入和切除、系统短路故障等系统内部状态的变化而使系统参数发生改变,引起的电力系统内部电磁能量转化,从而产生内部过电压,即操作过电压。

操作过电压的幅值虽小,但发生的概率却远远大于雷电感应过电压。实验证明,无论是感应过电压还是内部操作过电压,均为暂态过电压(或称瞬时过电压),最终以电气浪涌的方式危及电子设备,包括破坏印刷电路印制线、元件和绝缘过早老化寿命缩短、破坏数据库或使软件误操作,使一些控制元件失控等。

为了保证建筑物中的电力系统和电气设备的安全,计算出建筑物的年预计雷击次数,然

建筑电气 CAD

后可以知道该建筑物的防雷措施是否符合要求，是否需要进行改进。这项工作主要应用于雷击风险评估以及建筑物的防雷检测。

天正电气的"年雷击数"命令是用来计算建筑物的年预计雷击次数。这些计算程序设计依据来自于国家标准《建筑物防雷设计规范》(GB 50057)。该计算的计算参数主要有建筑物的等效面积、校正系数和年平均雷击密度等。

点击天正电气主菜单➤"计算"➤"年雷击数"命令，弹出空白的"年预计雷击次数计算"对话框，如图 11-1 所示。

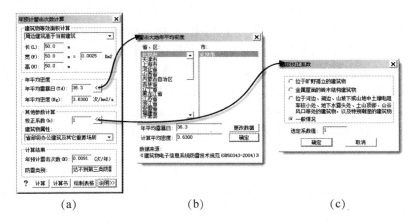

(a)   (b)   (c)

图 11-1 建筑物"年预计雷击次数计算"对话框
(a)"年预计雷击次数计算"对话框；(b)"雷击大地年平均密度"对话框；(c)"选定校正系数"对话框

在这个对话框里可以完成建筑物年预计雷击次数的计算，如图 11-1(a)所示。这个计算结果可以作为确定该建筑物的防雷类别的一个依据。计算是根据《建筑物防雷设计规范》(GB 50057—94)而设计的，程序中所用的计算公式来自于该标准中的附录一。

该对话框上部"建筑物等效面积计算"栏中的各个参数是用来计算建筑物等效面积的，其中建筑物的长、宽、高三个编辑框必须手动输入值，输入后自动计算出建造物的等效面积（平方公里），并显示在按钮右边的编辑框中，如果已经知道建筑物的等效面积也可以直接输入。

单击"年平均雷暴日"旁边的"《"按钮，屏幕上出现如图 11-1(b)所示的"雷击大地年平均密度"对话框，在这个对话框中的"省、区"和"市"列表框中分别选定省、市名，该地区的年平均雷暴日就会显示在"年平均雷暴日"编辑框中，如果想更改该地区雷暴日的数据，可以在"年平均雷暴日"编辑框中键入新值后单击"更改数据"按钮，那么新值就会存储到数据库中以后也会以新值作为计算的依据。平均密度便自动完成计算同时显示在"计算平均密度"编辑框中。这个计算中用到的各地区的年平均雷暴日数据来自《建筑气候区划标准》(GB 50178)。单击"确定"按钮可返回主对话框中的"年平均雷击密度"编辑框中，这个值可以在主对话框中直接键入。

单击"校正系数(k)"旁边的"《"按钮，屏幕上出现如图 11-1(c)所示的"选定校正系数"对话框。在这个对话框中的四个互锁按钮中任选其一，便确定了校正系数值并显示在下面的"选定系数值"编辑框中，然后单击"确定"按钮可返回主对话框。选择建筑物属性，主

204

对话框中的校正系数值是可以直接输入参与计算的。

所有三个计算所需数据输入完成之后，单击"　计算　"按钮，计算结果便出现在主对话框中。

点击"　计算书　"按钮可得到详尽的 Word 计算书。

点击"说明》"按钮则弹出计算说明文件，如图 11-2 所示。图中给出了防雷的公式计算和分类。

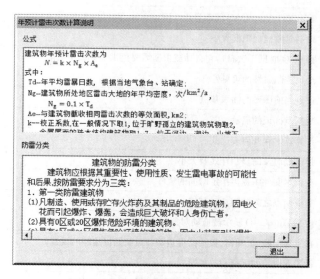

图 11-2　累计次数计算的说明文件

点击"绘制表格"按钮可把刚才计算的结果绘制成 ACAD 表格插入图中。此表为天正表格，点击右键菜单可导出 Excel 文件进行备份。

附录 1 AutoCAD 透明命令列表

序号	命令名称	功用
1	about	显示关于 AutoCAD 的信息
2	aperture	控制对象捕捉靶框大小
3	assist	打开"实时助手"窗口,它自动或根据需要提供上下文相关信息
4	attdisp	全局控制属性的可见性
5	base	设置当前图形的插入基点
6	blipmode	控制点标记的显示
7	cal	计算算术和几何表达式
8	ddptype	指定点对象的显示样式及大小
9	delay	在脚本文件中提供指定时间的暂停
10	dist	测量两点之间的距离和角度
11	dragmode	控制 AutoCAD 显示被拖动对象的方式
12	dsettings	指定捕捉模式、栅格、极轴捕捉追踪和对象捕捉追踪的设置
13	elev	设置新对象的标高和拉伸厚度
14	fill	控制诸如图案填充、二维实体和宽多段线等对象的填充
15	filter	为对象选择创建可再度使用的过滤器
16	graphscr	从文本窗口切换到绘图区域
17	grid	在当前视口中显示点栅格
18	help	显示帮助
19	id	显示位置的坐标
20	isoplane	指定当前等轴测平面
21	layer	管理图层和图层特性
22	limits	在当前的模型或布局选项卡中,设置并控制图形边界和栅格显示的界限
23	linetype	加载、设置和修改线型
24	ltscale	设置全局线型比例因子
25	lweight	设置当前线宽、线宽显示选项和线宽单位
26	matchprop	将选定对象的特性应用到其他对象
27	ortho	限制光标的移动
28	osnap	设置执行对象捕捉模式
29	pan	在当前视口中移动视图
30	qtext	控制文字和属性对象的显示和打印
31	redraw	刷新当前视口中的显示
32	redrawall	刷新所有视口中的显示

序号	命令名称	功用
33	regenauto	控制图形的自动重生成
34	resume	继续执行被中断的脚本文件
35	script	从脚本文件执行一系列命令
36	setvar	列出系统变量或修改变量值
37	snap	规定光标按照指定的间距移动
38	spell	检查图形中的拼写
39	status	显示图形统计信息、模式及范围
40	style	创建、修改或设置命名文字样式
41	textscr	打开 AutoCAD 文本窗口
42	time	显示图形的日期和时间统计信息
43	treestat	显示关于图形当前空间索引的信息
44	units	控制坐标和角度的显示格式并确定精度
45	zoom	放大或缩小当前视口中对象的外观尺寸

附录 2 对象捕捉功能列表

捕捉模式	图标	相关简写	功能说明
临时追踪点		TT	建立临时追踪点。先用鼠标在任意位置作基点，再捕捉所需特征点
捕捉自		FRO	建立一个临时参考点作为基点，与其他捕捉方式配合使用
端点		END	直线、多线、多段线线段、样条曲线、面域或射线最近的端点，或宽线、实体或三维面域的最近角点
中点		MID	直线、多线、多段线线段、面域、实体、样条曲线或参照线的中点
交点		INT	图形对象的交点
外观交点		APP	两个没有直接相交的对象，系统将自动计算它们延长后的交点，或者三维空间中异面直线在投影方向上的交点
延长线		EXT	指定图形对象延长线上的点
圆心		CEN	圆、圆弧、椭圆、椭圆弧等的圆心
象限点		QUA	圆、圆弧、椭圆、椭圆弧等图形在 0°、90°、180°、270° 方向上的点
切点		TAN	圆、圆弧、椭圆、椭圆弧、多段线或样条曲线等对象的切点
垂足		PER	某指定点到已知直线、圆、圆弧、椭圆、椭圆弧、多段线或样条曲线等图形的垂直点
平行线		PAR	与已知直线平行方向上的一点
节点		NOD	点对象、标注定义点或标注文字起点
插入点		INS	插入到当前图形中的文字、块、形或属性等对象的插入点
最近点		NEA	离拾取点最近的图形对象上的点
无捕捉		NON	关闭对象捕捉模式
捕捉设置		无	设置对象捕捉

附录 3　AutoCAD 常用特殊符号输入方法

输入代码	特殊符号	解　释	输入代码	特殊符号	解　释
％％0～32	?	空号	％％62	＞	大于号
％％33	!	感叹号	％％63	?	问号
％％34	"	双引号	％％64	@	艾特
％％35	#	井号	％％65～90	A～Z	26 个字母
％％36	$	美元符	％％91	[	左方括号
％％37	%	百分号	％％92	\	反斜杠
％％38	&	And 符	％％93	]	右方括号
％％39	'	单引号	％％94	ˆ	上箭头
％％40	(	左括号	％％95	_	下划线
％％41	)	右括号	％％96	`	单引号
％％42	*	乘号	％％97～122	a～z	26 个字母
％％43	+	加号	％％123	{	左大括号
％％44	,	逗号	％％124	|	竖线
％％45	—	减号	％％125	}	右大括号
％％46	.	句号	％％126	～	破折号
％％47	/	除号	％％162	¢	美分符
％％48～57	0～9	大字体	％％163	£	英镑符
％％58	:	冒号	％％165	¥	人民币
％％59	;	分号	％％167	§	章节号
％％60	＜	小于号	％％d	°	度
％％61	＝	等于号	％％p	±	正负号

附录4 常见灯具符号

普通灯	蓄光型单向疏散标志	蓄光型双向疏散标志	蓄光型单向疏散标志	单向疏散灯	单向疏散灯	双向疏散灯	障碍灯危险灯	安全出口标志灯	蓄电池型安全出口标志
自带蓄电池的筒灯	带人体感应开关的吸顶灯	防水防尘吸顶灯	吸顶灯	自带蓄电池的吸顶灯	花灯	筒灯	嵌入式方格栅顶灯	方格栅吸顶灯	嵌入式长格栅灯具
单管荧光灯	双管荧光灯	三管荧光灯	四管荧光灯	五管荧光灯	壁装单管荧光灯	防水防尘高效节能单管荧光灯	防水防尘高效节能双管荧光灯	自带蓄电池的高效单管荧光灯	自带蓄电池的高效双管荧光灯
单管高效节能格栅荧光灯	双管高效节能格栅荧光灯	三管高效节能格栅荧光灯	四管高效节能格栅荧光灯	自带蓄电池的单管格栅荧光灯	自带蓄电池的双管格栅荧光灯	自带蓄电池的嵌入式格栅荧光灯	起夜脚灯	自带蓄电池的应急灯	长洁净灯
方洁净灯	弯管防潮壁灯	弯管壁灯	射灯	需要强起的筒灯	带声光控底座的吸顶灯	紫外消毒灯	车道导向标志	蓄光型楼层指示标志	蓄光型消防控制室标志
自带人体感应开关的吸顶灯	普通灯	泛光灯	聚光灯	投光灯	专用线路事故照明灯	自带电源事故照明灯	防水防尘灯	隔爆灯	壁灯
混光灯	广照型灯	深照型灯	球形灯	矿山灯	花灯	安全灯	搪瓷伞形罩灯	搪瓷平盘灯	普通灯
半嵌式吸顶灯（非标）	带透明玻璃罩万能型灯(非标)	明月照灯（非标）	荧光花吊灯（非标）	暗装座灯（非标）	玻璃荧管壁灯（非标）	转盘聚光灯（非标）	转色灯（非标）	高压水银灯（非标）	圆柱形灯（非标）

210

伞形纱罩宣杆灯（非标）	嵌入筒灯	墙上座灯	气体放电灯	局部照明灯	斜照型灯	闪光型信号灯	壁灯	吸顶灯	筒灯
吊灯	圆球灯	花灯	密闭灯	防爆灯	局部照明灯	安全照明灯	备用照明灯	钠灯	汞灯
白炽灯	荧光灯	红外线灯	紫外线灯	弧光灯	节能灯	应急灯	防爆三管荧光灯	密闭三管荧光灯	
航空地面灯（立式）	航空地面灯（嵌入式）	风向标灯	着陆方向灯	围界灯（停机坪）	航空地面灯	桑拿灯	通风方式信号装置	浴霸	

附录5 常见开关符号

单联单控开关	双联单控开关	三联单控开关	四联单控开关	单联双控开关	双联双控开关	中间开关	排气扇联动开关	吊扇调速开关	求助呼唤按钮
人防呼唤按钮	钥匙开关	有强起线单联暗开关	有强起线双联暗开关	有强起线三联暗开关	声光控制开关	红外人体感应开关	风机盘管温控开关	浴霸开关	单联智能控制面板
双联智能控制面板	三联智能控制面板	四联智能控制面板	智能风机盘管控制器	吸顶式智能移动感应开关	智能移动感应开关	门铃按钮立即清扫请勿打扰	限位开关	智能气象传感器	吸顶式人体感应开关
智能现场AV红外控制器	控制按钮板（盒）	可遥控智能开关	开关	单联开关	双联开关	三联开关	四联开关	暗装开关	防爆开关
密闭开关	单极防爆开关	双极防爆开关	三极防爆开关	具有指示灯的开关	开关	双联单控开关	三联单控开关	多联单控开关	单极开关
双极开关	三级开关	单极拉线开关	单极双控拉线开关	双控开关	单联开关	定时开关	限制接近按钮	按钮	两个按钮单元按钮盒
三个按钮单元按钮盒	密闭型按钮	防爆型按钮	带指示灯按钮	延迟开关	密闭单极开关	密闭双极开关	密闭三级开关	吊扇调速开关	中间开关
双控开关	调光器	多拉开关	带指示灯双联单控开关	带指示灯三联单控开关	带指示灯N联单控开关	单极限时开关	风机盘管三速开关	定时器	

附录6　常见消防符号

感烟探测器	感温探测器	感光探测器	气体探测器	感烟感温探测器	光电感烟探测器	离子感烟探测器	线型光束感烟探测器（发射）	线型光束感烟探测器	线型光束感烟探测器（接收）
线型光束感烟感温探测器（接收）	线型光束感烟感温探测器（发射）	线型差温探测器	线型可燃气体探测器	放烟防火阀70°	防火阀70°	增压送风口	280°防火阀	放烟防火阀280°	温式自动报警阀
感光感温探测器	感光感烟探测器	定温探测器	差温探测器	差定温探测器	火灾警铃	火灾警报发声器	火灾光警报器	带电话插孔的手动报警按钮	干式自动报警阀
消火栓启动报警按钮	火灾报警电话	水流指示器	吸顶式火警扬声器	火灾警报扬声器	火灾声光报警器	接线端子箱	带监视信号的检修阀	电磁阀	漏电火灾预警探测器
手动报警按钮	输入模块	输出模块	输入输出模块	双输入输出模块	楼层显示器	防火卷门帘控制器	广播模块	模块箱	短路隔离器
喷淋泵控制箱	消火栓控制箱	漏电火灾预警控制器	压力开关	增压送风口	排烟口	70℃动作常开防火阀	280℃动作常开排烟阀	常开防火阀（70℃熔断关闭）	常闭防火阀（280℃熔断关闭）
区域型火灾报警控制器	集中型火灾报警控制器	区域型火灾报警控制器	电源模块	电信模块	防火门磁释放器	火灾显示器	楼层显示器	火警广播系统	对讲电话主机
火灾电话插孔	通用火灾报警控制器	可燃气体报警控制器	安全栅	火灾计算机图形显示系统	总线广播模块	总线电话模块	感温探测器（点型、非地址码型）	感温探测器（点型、防暴型）	感烟探测器（点型、非地址码型）

213

感烟探测器(点型、防暴型)	水流指示器(组)	阀	信号阀	湿式报警阀	预作用报警阀(组)	预作用报警阀	雨淋报警阀(组)	雨淋报警阀	干式报警阀
缆式线型感温探测器	室外消火栓	室内消火栓(单口、平面)	室内消火栓(单口、系统)	室内消火栓(双口、平面)	室内消火栓(双口、系统)	火灾报警装置	控制和指示设备	感温火灾探测器(线型)	

附录7 常见安防符号

楼宇对讲户内机	楼宇对讲户外机	楼宇对讲主机	电控锁	电铃	楼宇对讲信号分配器	电视摄像机	带云台电视摄像机	球形摄像机	带云台球形摄像机
彩色电视摄像机	带云台彩色摄像机	有室外护罩电视摄像机	有室外护罩电视摄像机带云台	半球型摄像机	半球型彩色摄像机	半球型彩色转黑白摄像机	半球型彩色摄像机带云台	磁力锁	电锁按键
被动红外探测器	被动红外/微波探测器	遮挡式微波探测器	读卡器	打卡器	紧急脚挑开关	紧急按钮开关	压力垫开关	门磁开关	楼宇对讲电控防盗门主机
可视对讲机	可视对讲户外机	解码器	监视立柜	监视墙屏	压敏探测器	玻璃破碎探测器	指纹识别器	人像识别器	眼纹识别器
电-光信号转换期	光-电信号转换期	网络摄像机	网络摄像机带云台	彩色转黑白摄像机	带式录像机	声光报警器	监视器	彩色监视器	电控锁
全球彩色摄像机	全球彩色转黑白摄像机	全球彩色摄像机带云台	全球彩色转黑白摄像机带云台	红外摄像机	红外带照明灯摄像机	视频服务器	键盘读卡器	振动探测器	易燃气体探测器
兑奖电话分机	可视对讲摄像机	图像分割器	视频分配器	视频补偿器	时间信号发生器	报案电话	报警中继数据处理机	传输、发送接收器	红外照明灯
数字硬盘录像机									

215

附录8　负荷计算的选择参数表

表1　建筑照明

设备分类	需用系数	照明设备	功率因数
住宅楼	0.4～0.6	白炽灯、卤钨灯	1
宿舍楼	0.6～0.8	荧光灯(无补偿)	0.55
办公楼	0.75	荧光灯(有补偿)	0.9
设计室	0.9～0.95	高压汞灯	0.57
科研楼	0.82	高压钠灯	0.45
教学楼	0.85	—	—
商店	0.85～0.95	—	—
餐厅	0.8～0.9	—	—
旅馆	0.8～0.9	—	—
门诊楼	0.6～0.7	—	—
病房楼	0.5～0.6	—	—
影院照明	0.7～0.8	—	—
剧场照明	0.6～0.7		
学校照明	0.6～0.7	镝灯	0.52
生产厂房(有天然采光)	0.8～0.9		
生产厂房(无天然采光)	0.9～1.0	氙灯	0.9
仓库	0.5～0.7		
锅炉房	0.9	荧光灯有镇流器无补偿电容器	0.5
小车间照明	1		
公用设施照明	0.9	高压水银灯有镇流器无补偿电容器	0.6
变电所照明	0.6		
外部照明	1	荧光灯有镇流器和补偿电容器	0.2
宿舍楼	0.7		
住宅楼	0.5	荧光灯(有补偿)	0.9
设计室	0.93		

表2　非工业用电

设备名称及用途	功率因数	需用系数
洗衣房动力	0.75～0.8	0.65～0.75
厨房动力	0.4～0.75	0.5～0.7
实验室动力	0.2～0.5	0.2～0.4

附录8 负荷计算的选择参数表

续表

设备名称及用途	功率因数	需用系数
医院动力	0.5～0.6	0.4～0.5
窗式空调器	0.8～0.85	0.7～0.8
冷水机组、泵	0.8	0.65～0.75
通风机	0.8	0.60～0.70
电梯	0.5	0.18～0.22
洗衣机	0.7	0.30～0.35
厨房设备	0.75	0.35～0.45
水泵	0.8～0.85	0.7～0.8
影院	0.8～0.85	0.7～0.8
剧院	0.75	0.6～0.7
体育馆	0.75～0.8	0.65～0.75

表3 工业用电

设备名称及用途	功率因数	需用系数
小批生产的金属冷加工机床	0.5	0.12～0.16
大批生产的金属冷加工机床	0.5	0.17～0.20
小批生产的金属热加工机床	0.55～0.60	0.20～0.25
大批生产的金属热加工机床	0.65	0.25～0.28
锻锤、压床、剪床及其他锻工机械	0.6	0.25
木工机械	0.50～0.60	0.20～0.30
液压机	0.6	0.3
生产用通风机	0.80～0.85	0.75～0.85
卫生用通风机	0.8	0.65～0.70
泵、活塞型压缩机、电动发电机组	0.8	0.75～0.85
球磨机、破碎机、筛选机、搅拌机等	0.80～0.85	0.75～0.85
非自动装料	0.95～0.98	0.60～0.70
自动装料	0.95～0.98	0.70～0.80
干燥箱、加热器等	1	0.40～0.60
工频感应电炉(不带无功补偿装置)	0.35	0.8
高频感应电炉(不带无功补偿装置)	0.6	0.8
焊接和加热用高频加热设备	0.7	0.50～0.65
熔炼用高频加热设备	0.80～0.85	0.80～0.85
电动发电机	0.7	0.65
真空管震荡器	0.85	0.8
中频电炉(中频机组)	0.8	0.65～0.75
氢气炉(带调压器或变压器)	0.85～0.90	0.40～0.50

设备名称及用途	功率因数	需用系数
真空炉(带调压器或变压器)	0.85～0.90	0.55～0.65
电弧炼钢炉变压器	0.85	0.9
电弧炼钢炉的辅助设备	0.5	0.15
点焊机、缝焊机	0.6	0.35
对焊机、铆焊加热机	0.7	0.35
自动弧焊变压器	0.5	0.5
单头手动弧焊变压器	0.35	0.35
多头手动弧焊变压器	0.35	0.4
单头直流弧焊机	0.6	0.35
多头直流弧焊机	0.7	0.7
金属、机修、装配车间、锅炉房用起重装置	0.5	0.10～0.15
铸造车间用起重机	0.5	0.15～0.30
联锁的连续运输机械	0.75	0.65
非联锁的连续运输机械	0.75	0.50～0.60
一般工业用硅整流装置	0.7	0.5
电镀用硅整流装置	0.75	0.5
电解用硅整流装置	0.8	0.7
红外线干燥设备	1	0.85～0.90
电火花加工装置	0.6	0.5
超声波装置	0.7	0.7
X 光设备	0.55	0.3
电子计算机主机	0.8	0.60～0.70
电子计算机外部设备	0.5	0.40～0.50
实验设备(电热为主)	0.8	0.20～0.40
实验设备(仪表为主)	0.7	0.15～0.20
磁粉探伤机	0.4	0.2
铁屑加工机械	0.75	0.4
排气台	0.9	0.50～0.60
老炼台	0.7	0.60～0.70
陶瓷隧道窑	0.95	0.80～0.90
拉单晶炉	0.9	0.70～0.75
赋能腐蚀设备	0.93	0.6
真空浸渍设备	0.95	0.7
生产厂房及办公室、实验室照明	1	0.8～1
变电所、仓库照明	1	0.5～0.7
宿舍(生活区)照明	1	0.6～0.8
室外照明	1	1
事故照明	1	1

参 考 文 献

［1］CAD 通用技术规范编写组. GB/T 17304—1998 CAD 通用技术规范(第一版)［S］. 北京：中国标准出版社，1995.

［2］北京天正工程软件有限公司. TElec8.0 天正电气设计软件实用手册(第一版)［M］. 北京：中国建筑工业出版社，2010.

［3］赵月飞，胡仁喜，林双燕，等. 详解 AutoCAD2010 电气设计［M］. 北京：电子工业出版社，2010.